I.

NOTIONS
SUR LA CULTURE
DES TERRES BASSES
DANS LA GUIANE,

Et sur la cessation de l'Esclavage dans ces Contrées ;

PAR LE C. LESCALLIER.

Extrait du *Voyage à Surinam et dans l'intérieur de la Guiane*, du Capitaine J. G. STEDMAN.

A PARIS,

De l'Imprimerie de F. BUISSON, Imprimeur-Libraire, rue Haute-Feuille, N°. 20

AN VII DE LA RÉPUBLIQUE.

Cet Ouvrage est extrait du *Voyage à Surinam et dans l'intérieur de la Guiane*, du Capitaine J. G. STEDMAN, traduit de l'anglais par P. F. HENRY; suivi du Tableau de la Colonie Française de Cayenne. Trois Volumes in-8°. de 1400 pages, avec un Volume in-4°., renfermant une Collection de quarante-quatre Planches, gravées en taille-douce.

Se trouve à Paris, chez F. BUISSON, Imprimeur-Libraire, rue Haute-Feuille, N°. 20.

NOTIONS
SUR LA CULTURE
DES TERRES BASSES
DANS LA GUIANE.

Et sur la cessation de l'Esclavage dans ces Contrées ;

PAR LE CITOYEN LESCALLIER.

CES notions sont contenues dans une correspondance que j'ai recueillie d'un habitant hollandais, avec un habitant français.

LA PREMIÈRE de ces lettres traite principalement de *la nature des terres, de leur fertilité, et de la situation locale.*

LA SECONDE fait connoître la *manière de travailler aux digues, aux fossés d'écoulement, aux écluses et autres travaux nécessaires pour préparer la terre à être cultivée.*

LA TROISIÈME lettre traite *de la plantation et culture des cafés, et des vivres nécessaires pour la nourriture des cultivateurs; de la récolte, exploitation et bonification du café, et des bâtimens et établissemens nécessaires à une grande habitation caféterie, suivant l'usage des colonies bataves de la Guiane.*

LA QUATRIÈME *est une réponse aux trois premières, dans laquelle l'habitant français traite à fond la question de l'abolition de l'esclavage, dans les Colonies où il existe encore : il conseille de faciliter ce changement devenu nécessaire, et indique les moyens d'y arriver sans nuire à la prospérité des Colonies.*

Correspondance entre un Hollandais, habitant de Déméraray *et un Français, son ami, établi sur les bords de la rivière d'*Aprouague, *dans la Colonie de la Guiane Française;*

Sur la nature du sol dans les Colonies de la Guiane, tant Française que Hollandaise;

Sur le défrichement et dessèchement des Terres, et tous les autres Détails de leur culture; des Établissemens et Logemens; de l'Exploitation et Bonification de leurs Producions, etc. etc.

LETTRE PREMIÈRE.

Le peu de loisir que me laisse un temps employé à divers genres d'occupations; une trop foible connoissance de la langue française, à laquelle un nombre d'écrivains ont donné une telle perfection, que peu d'étrangers peuvent parvenir à l'écrire dans un style passable; l'insuffisance de mes lumières, tous ces motifs seroient plus que légitimes pour me refuser à votre désir d'avoir mes idées sur le sol des colonies de la Guiane, tant française que hollandaise ; sur le défrichement et desséchement des terres, et sur les détails de leur culture, des établissemens et logemens, de l'exploitation et bonification de leurs productions, avec toutes les branches qui naissent de tous ces différens objets; mais, lorsque je réfléchis aux services signalés que le gouvernement français a rendus à la République, j'estime que tout véritable Hollandais doit être prêt à travailler, autant que sa capacité le lui permet, à tout ce qui peut être agréable aux Français.

Avant d'entrer en matière sur les objets de notre correspondance, je crois qu'il ne sera nullement déplacé de faire voir, en peu de mots, le changement que pourra subir un jour la colonie de la Guiane française, et par conséquent quelle pourra devenir son utilité à notre navigation et au commerce national, si, un jour, en ne plus se bornant aux terres hautes, elle met en valeur les rives fertiles de ses rivières d'Approuague et d'Oyapoc, avec leurs côtes maritimes et les terres intérieures auxquelles on parviendra par les canaux qui pourront être creusés entre ces différentes rivières.

On le voit encore aujourd'hui à Cayenne et à Berbiche; l'histoire de Surinam et de cette colonie de Démérary nous le prouve : on a commencé, dans toute la Guiane, les premiers établissemens par les terres hautes. Il est inutile d'en rechercher les causes; il suffit de dire qu'il est hors de doute que les trésors que renferme le riche sol de cette partie de l'Amérique ne sauroient se découvrir, qu'en desséchant ses marais. Surinam n'est devenu une colonie importante que depuis qu'on a commencé à dessécher les terres basses de la rivière Commewyne; et les vaisseaux qu'elle expédie encore aujourd'hui sont chargés pour la plupart des denrées qui sortent de l'embouchure de cette riche rivière, dans laquelle celle de Cottica et diverses criques cultivées, se dégorgent. Les chargemens des trois-quarts des vaisseaux que Berbiche expédie, en petite quantité, proviennent des productions du petit nombre d'habitations qui sont situées dans les terres basses de la partie appelée le *Maripaan*, c'est-à-dire, du bas de la rivière. Quant à cette colonie de Démérary et à celle d'Esséquébo, ce que produisent les hauts de ces deux rivières, ne mérite pas qu'on en parle, depuis qu'à Esséquébo on s'est appliqué à cultiver les îles situées vers ses embouchures et les côtes des îles adjacentes, et depuis qu'à Démérary l'on a presqu'entièrement abandonné les habitations qui étoient éloignées de plus d'une marée de son embouchure: on s'est jeté dès-lors avec empressement, non-seulement sur les terres basses des deux rives, mais encore on a poussé la culture le long des deux côtes de la mer; celle à l'ouest étant cultivée sans interruption jusqu'à la crique de Borassiri, et celle de l'est l'étant bientôt jusqu'à la crique de Maheyca, et jusque tout au haut de celle de Coerabanne.

Pour vous rendre plus sensible l'effet que ce changement de systême a produit dans cette colonie, je vous montrerai le tableau de ses exportations pour l'Europe, avant cette époque, et après.

Les registres, depuis 1745 jusqu'à 1761, montrent que la plus forte de ces années a donné 3579 boucauts de sucre, et la plus foible, 285 boucauts, sans presque aucune autre denrée; que dans les années subséquentes, depuis 1762 jusqu'à 1770, temps auquel la culture des terres basses a commencé, tant à Esséquébo qu'à Démérary, l'on trouve que, des trois premières années, la plus forte n'alloit qu'à environ 3000 boucauts de sucre, 19 futailles et 664 balles de café et 4 balles de coton, tandis que l'exportation en 1767 étoit déjà élevée à la quantité de 4745 boucauts de sucre, 72 futailles et 2740 balles de café, avec 84 balles de coton, article qui monta, deux ans après, à 337 balles, et, neuf ans après, à 2868 balles dans une seule année: cela a toujours, depuis, augmenté rapidement; de sorte que, dans le mois de septembre dernier, les registres montrent que les bâtimens partis pour la Hollande et la Zélande, depuis le commencement de la présente année (1), ont exporté 4021 et demi boucauts de sucre, 1340 futailles et 36315 balles de café et 2992 balles de coton, qu'on fait ici généralement du poids de 300 à 340 livres, observant que dans plusieurs autres colonies on ne fait les balles de coton que de 200 à 250 livres: il faut faire la même remarque pour les sucres que la plupart des planteurs mettent aujourd'hui en

(1) Ceci est écrit en l'année 1786. Les produits de cette colonie ont encore doublé au moins, jusqu'à présent.

boucauts du poids d'environ 1000 livres net, tandis qu'autrefois on ne les faisoit que d'environ 600 livres.

Pour compléter l'exportation de cette année entière 1786, il manque ce que pourra encore exporter un bâtiment en charge, qui doit partir avant la fin de l'année.

Ajoutez ici ce qu'un bon nombre de bâtimens américains et des îles (qui ont été expédiés de Démérary depuis le premier janvier) ont exporté en fraude des trois mêmes denrées, enfin ce qu'un nombre de bâtimens que l'on ignore ont exporté de la rivière d'Esséquébo; ce qui forme un objet considérable, quoiqu'un peu moindre que celui de Démérary.

Jugez après cela de l'effet immense de la mise en valeur des terres basses et des côtes de la mer!

Si les représentations que les Colons ont faites au souverain en 1785, sont écoutées, et si l'on continue à n'exiger d'eux que des impôts modérés, si on ne gêne point le commerce par des règlemens préjudiciables, il n'y a pas de doute que les exportations pour l'Europe ne doublent dans beaucoup moins de cinquante années.

Je vous donne ces détails sur l'augmentation des produits de cette colonie, pour vous démontrer, par des faits, que, si on s'adonne avec ardeur, à Cayenne, à la culture des terres basses, cette colonie, bien loin d'être à charge au trésor public, entrera dans le nombre de celles qui vivifient le commerce et la navigation des différens ports de France.

Je ne disconviens pas que les établissemens que l'on fait dans ces terres, n'ayent leurs désagrémens pendant la première et la seconde année. Une terre humide, et qui n'a pas été encore assez long-temps exposée aux rayons du soleil pour être suffisamment desséchée; des insectes importuns, qui vous tourmentent les soirs, les nuits et les matins; le manque ou la difficulté de se procurer de bonne eau et plusieurs autres objets, rendent, je l'avoue, la vie désagréable pendant les premiers temps : mais qu'on prenne en considération que ces inconvéniens ne sont que momentanés, tandis que la richesse des productions que donnent ces terres inépuisables, feront bientôt oublier les peines et les privations qu'on y éprouve dans les commencemens.

D'ailleurs, on peut, en quelque sorte, se

précautionner contre l'incommodité des moustiques et maringouins, en abattant les arbrisseaux, les broussailles et les halliers qui croissent le long du bord des rivières, et aussi par des moustiquières.

D'ailleurs, à mesure que le nombre des cultivateurs augmente, les désagrémens diminuent. Le nouveau cultivateur, tant qu'il n'a point d'entourage fini, de caisse d'écoulement posée, de bâtimens pour lui et ses nègres, se loge chez son voisin, qui s'y prête d'autant plus volontiers, que le nouveau venu, par son entourage et la coupe de ses bois, lui augmente l'effet des vents salutaires, fait disparoître les insectes, et le décharge du soin de sa chaussée latérale et mitoyenne, dans les temps des fortes pluies : ainsi, dans peu d'années, ces marais, auxquels on pourroit donner, à juste titre, le nom de chaos, sont convertis et transformés en un jardin d den.

Ce que je viens de dire doit, ce me semble, convaincre tout le monde que la culture des terres basses est infiniment préférable à celle des terres hautes; et je ne doute pas que chacun n'abandonne bientôt les anciens préjugés à cet égard.

Après ce préambule que j'ai cru nécessaire, je vais entrer en matière sur le sujet essentiel de cette lettre et de celles qui la suivront.

Avant, cependant, de commencer à vous parler du sol des colonies de la Guiane, je veux vous donner mes idées et mon opinion sur la manière de diriger la culture des bords des rivières dans tout ce continent. Il convient de commencer les défrichemens par les deux rives auprès des embouchures, et par les côtes de la mer, et de les continuer toujours en allant de bas en haut.

Plusieurs raisons me persuadent que cette façon seroit la meilleure.

Il est hors de doute que, par-tout le globe, mais plus particulièrement entre les tropiques, l'air de la mer, et les vents qui soufflent le long des côtes maritimes, non-seulement de jour, mais même de nuit (sur-tout dans les temps secs), sont singulièrement salutaires : les nègres y sont bien moins sujets à des ulcères que dans le haut des rivières; et lorsqu'ils en ont, ils sont plus promptement guéris. L'air de la côte est d'ailleurs un spécifique au prompt rétablissement du pian et des maux d'estomac, tout comme de toutes les autres maladies d'obstructions, qui s'y guérissent avec une facilité étonnante.

D'un autre côté, il est indubitable que les premières ouvertures dans les terres basses, sont les plus mal-saines, et par conséquent n'est-il pas plus prudent de les commencer dans la partie de la rivière où le vent et l'air circulent le plus, déplacent immédiatement les exhalaisons humides, et corrigent l'état trop aqueux et putride de l'atmosphère. Je sais très-bien qu'un seul exemple ne constate point la salubrité d'une contrée; mais, cependant, est-il certain que les premiers habitans qui ont formé des établissemens dans les terres basses des rives intérieures de Démérary, sont morts, pour la plupart, assez jeunes, tandis que l'on en cite de ceux qui ont établi vers l'embouchure, qui sont parvenus à un âge avancé.

Une autre raison pour cette préférence, c'est que vous plantez dans la partie des terres basses qui promet la plus prompte végétation et de plus grands produits: l'influence bénigne de l'atmosphère marin, qu'on doit regarder comme le plus puissant véhicule, est ce qui aide et pousse la végétation, facilite la fructification dans les arbres, par les sels que ce bon air porte avec lui, lesquels étant pompés par les pores des feuilles, accélèrent l'action des sels terrestres. Une expérience de huit années dans cette colonie m'a appris que les caféiers situés dans la partie de la rivière la plus voisine de l'embouchure et sur les côtes, ont généralement plus rapporté que ceux qui sont plantés plus loin de la mer.

De plus, il est certain que les premiers établissemens sont formés le plus souvent par des personnes dont les facultés sont bornées: or dans ces terrains, aux embouchures et sur les côtes, on a, 1°. l'avantage de n'avoir pas de gros arbres à abattre, 2°. une terre très-facile à fouiller à la pelle. J'ai vu faire, de mes propres yeux, sur ces côtes, un travail étonnant de fossés, par deux, trois ou quatre nègres de pelle; 3°. dès que le plus petit entourage est fini, on y peut planter des cotonniers qui, au bout de neuf mois, donnent déjà quelque récolte.

A ces raisons, j'en ajouterai une dernière, qui est, selon moi, la plus concluante, c'est qu'en commençant par éclaircir le bois du côté de la mer, on donne plus de salubrité à la partie de la rivière la plus éloignée, elle devient plus fertile et plus agréable.

au nouveau planteur qui s'y établit. Mon habitation est éloignée d'environ trois quarts de lieue de l'embouchure, et je suis persuadé que ni moi, ni mes voisins ne récolterions la quantité de café que nous faisons, si nos défrichemens étoient isolés chacun dans la profondeur du bois, et je suis intimement persuadé que nos récoltes se ressentent beaucoup de ce que les bois, du côté de l'est de l'embouchure, sont presqu'entièrement abattus, et de ce que toutes les habitations depuis le bas, jusques chez moi, sont ouvertes ou éclaircies de bois, dans la profondeur de quatre cent cinquante, et jusqu'à six cent cinquante verges (1). L'expérience ne le montre-t-elle pas partout ? A Berbiche, le petit nombre d'habitations en terres basses situées au Maripaan qui se trouve à la rive ouest de cette rivière, et qui jouissent ainsi de l'action du vent alizé qui a un libre passage par la large embouchure de cette rivière, font annuellement de bonnes récoltes; et un ancien colon de Surinam, très-bon habitant, m'écrit qu'il n'y a que les habitations situées dans

(1) La verge de Hollande est de 12 pieds du Rhin, qui font à-peu-près 11 pieds français, ou 3 mètres, 572.

les criques qui dégorgent dans la Commewyne et qui jouissent de l'air de la mer, qui continuent à récolter beaucoup de café.

Je crois vous avoir convaincu par toutes ces raisons, qu'il est plus sain, plus commode et plus avantageux de commencer les défrichemens par l'embouchure des rivières et les côtes de la mer, non - seulement pour ceux-mêmes qui s'y établissent, mais encore pour les planteurs qui se sont fixés plus haut, ou qui pourront le faire par la suite.

Après vous avoir dit, en général, mes idées sur la conduite à tenir pour la culture des terres basses dans la Guiane, je passerai au détail de leurs travaux, de leur exploitation, et je commencerai par la qualité du sol ou la nature de ces terres.

D'abord, je conviendrai qu'il y a dans les terres plus élevées et plus éloignées de la mer, des endroits dont le sol est tout aussi beau et aussi fertile que dans le bas; mais ces endroits sont isolés et par parcelles; ils ne jouissent jamais de cet air salubre aux hommes et utile à la végétation, que reçoivent les terres voisines de la mer; leur défrichement et leur culture sont toujours infiniment plus pénibles et plus laborieux.

Ce sera donc toujours au sol des terres basses qu'il faudra donner la préférence ; et c'est de là, comme je l'ai dit plus haut, que l'on doit retirer les trésors de la Guiane.

Les marques auxquelles on peut reconnoître les bonnes terres, sont d'être composées, à la profondeur de plusieurs pieds, d'une vase bleuâtre, molle et qui donne aisément passage à la filtration des eaux. Il s'en trouve dans nos deux rivières où cette même vase est entremêlée de grains de sable: or, comme cela ne peut que faciliter davantage le passage des eaux de pluie, il paroît certain que ce dernier sol est préférable au premier, sur-tout pour les cannes à sucre. J'ai vu à Esséquébo du sucre, récolté sur cette espèce de terrain, qui avoit le plus beau grain, quoique la plantation fût mal desséchée, mal travaillée et mal cultivée, et rien ne prouve mieux la bonne qualité d'un sol, que quand on voit naître de belles denrées, pour ainsi dire, d'elles-mêmes.

Quoique je désigne la vase bleuâtre comme le renseignement de la meilleure terre, je veux bien convenir avec vous que la vase grise, pourvu cependant qu'elle soit molle et propre à la filtration, peut être également

bonne;

bonne ; cependant j'opinerois, avec un auteur moderne, qui a traité des cultures de Surinam, à la ranger dans la seconde classe.

L'une et l'autre espèce de vase doivent être couvertes d'un terreau noirâtre, gras et liant, tel qu'un bon engrais bien pourri ; cette terre meuble se trouve de différentes épaisseurs : cependant je ne serai nullement du sentiment de l'auteur cité ci-dessus, qui dit que la richesse de la terre est en proportion de l'épaisseur de cette couche de terreau. Au contraire, à Démérary, tous les terrains où le terreau est à plus de 20 à 22 pouces, ne sont pas ceux à qui on doit donner la préférence : on la devroit plutôt à ceux où il ne se trouve qu'a l'épaisseur de 16 à 18 pouces, qui se réduit ensuite à 6 ou 8 pouces, par l'affaissement qui se fait après l'entourage du terrain, par son desséchement et son exposition au soleil. Oui, j'ai vu dans le bas du Maripaan et dans la partie basse de la rivière Canjé, dans la colonie de Berbiche, des terrains excellens où les caféiers et les cacaoyers venoient dans la plus grande perfection, et qui n'avoient qu'une très-mince couche de terreau noir.

A mesure que l'on s'approche de la mer

ou de l'embouchure des rivières, la vase devient moins grasse et plus molle: il en est de même le long des côtes de la mer, où l'on pourroit changer son nom de vase en celui d'une boue desséchée, dont le recurement ou nettoiement des fossés, offre un signe convaincant. Cette opération doit se faire tous les deux ans sur les habitations situées le long des côtes. L'on jette ce qui en sort sur les deux côtés des fossés, et deux ans après, cette boue sortie des fossés ne paroît plus; elle s'est éboulée dans le fossé, qui en est comblé de nouveau.

Je m'étois toujours imaginé que ces sortes de terrains étoient moins riches, et que les caféiers y dureroient moins; mais j'ai vu, l'année dernière, deux pièces de café de la plus ancienne habitation de la côte occidentale, dans le meilleur état, chargées de fruits; et le propriétaire m'a assuré que ces pièces avoient été plantées depuis 22 à 23 ans: preuve évidente que ces terrains sont très-permanens.

On reconnoît assez généralement pour un indice des bonnes terres, l'arbre ou espèce de palmiste, que chez vous on nomme *pinot*. L'auteur qui a traité des cultures de Surinam, dit que plus on trouve de ces arbres, plus le terrain est fertile. Je conviens volontiers que les terrains que j'ai désignés ci-dessus, pour être les meilleurs, en sont farcis; mais plusieurs habitans, qui ont travaillé sans succès, des terres au haut de Démérary, m'ont assuré avoir été trompés par cet indice; c'est pourquoi je conseillerois toujours de ne pas s'y fier uniquement, et d'examiner en même-temps, si le sol offre aussi les autres indices que j'ai expliqués.

Outre le changement qui se trouve dans le sol, à mesure qu'on s'approche de la mer, on trouve aussi que les bois commencent à être composés d'arbres moins forts, et d'une autre espèce. On voit moins de *manis* et de cet arbre nommé ici par les indiens *warakoerie*, et par les créoles *schepper-boem*, c'est-à-dire, *bois pagaye*, parce qu'il se fend aisément, et qu'il sert beaucoup à faire des pagayes et des avirons; en même-temps le nombre des palétuviers augmente. On ne trouve plus en grande abondance l'arbre nommé *coëraharie*. Cet arbre, dont le nom surinamois ne m'est pas connu, est propre à la charpente, et peut servir à faire des poteaux, pourvu qu'on les pose sur des solages ou sur des fondations de briques ; on l'emploie à des solives et poutres, enfin pour tout ce qui est à l'abri. On y trouve de très-beaux blocs ou billes carrés, dont on fait scier des planches propres à palissader les maisons ; mais qui ne sont pas trop bonnes pour des planchers, à cause que ce bois se déjette. L'on retrouve cet arbre dans les profondeurs des habitations, à la côte de l'ouest ; mais ils y sont plus petits. Le *balata*, si commun à Surinam et à Berbiche, est ici extrêmement rare.

Il en est de même des bancs de coquillage, si communs aux rivages de Surinam et de Berbiche, ils ne se trouvent point du tout sur ceux des rivières d'Esséquébo et de Démérary. On commence à voir quelques coquillages, quand on dépasse *Coerabanne*, vers l'est, en allant du côté de *Maheyca* ; mais à l'est de cette dernière crique, ou pour mieux dire de cette rivière, il y en a un banc considérable, et la côte depuis-là jusqu'à *Mahicony*, en est toute remplie.

Pour fixer les idées sur les localités pour le choix des meilleures terres, d'après les renseignemens les plus sûrs que j'ai pu me procurer, on ne peut regarder comme suffisamment riches à Démérary, que les terres de la rive de l'est, depuis l'habitation appelée *le grand Diamant*, à environ deux lieues de l'embouchure; et à la rive de l'ouest, depuis l'habitation *Laurentia*, à une demi-lieue plus haut, jusqu'à l'embouchure.

A Esséquebo, les bonnes terres sont bornées à celles des îles de Légouane, d'Arobabiche et de Waakkename; et même dans cette dernière île, la partie la plus éloignée de la mer, qui est celle du sud, est déjà inférieure en qualité. A la rive de l'est de cette rivière, on ne peut guères compter les bonnes terres plus haut que l'habitation *Patrica*, à une lieue de l'embouchure, et à la rive de l'ouest, que depuis l'habitation nommée *Adventure*.

Je suis etc. B. V. D. S.

DEUXIÈME LETTRE.

Je vous ai donné mes idées dans la précédente lettre, sur l'excellence de la culture des terres basses de la Guiane, et sur le choix à faire parmi les différentes qualités et situations de ces terres : dans celles-ci, je vous expliquerai la manière de les exploiter, et de les mettre en valeur.

Comme ces terres sont, ou presque constamment sous l'eau, ou sujettes à être inondées par les effets périodiques de la marée, il faut les dessécher, et empêcher par des digues que les eaux extérieures ne pénètrent dans le terrain qu'on se propose d'établir.

Je supposerai que vous en avez fait choix. Il faut, avant toutes choses, faire abattre les bois, et nettoyer l'étendue des terres que vous vous proposez d'entourer de digues ou tout au moins la partie que celles-ci doivent occuper, sur une certaine largeur. Après cela vous pourrez procéder à l'établissement de ces digues, qui formeront un carré, ou un parallélogramme, dont un des côtés occupera votre façade, ou ligne de concession, sur la rivière ou côte de mer; un autre, parallèle à ce premier, sera dans la profondeur de cette même concession, à la distance que vous voulez défricher et planter de vos premières plantations; les deux autres côtés, parallèles entr'eux, seront perpendiculaires aux deux premiers, et vous sépareront de vos voisins, de droite et de gauche.

Pour cela, il faut, dans tout le pourtour de ce carré, commencer à fouiller un petit fossé qui doit se trouver sous le milieu de la largeur de la digue, et lui servir comme de fondement. Ce petit fossé se nomme *noyau* ou *tranchée aveugle*: il doit avoir environ trois pieds de largeur, pour une digue de douze pieds de base et plus. Il est essentiel de le creuser à la profondeur de deux bonnes pelles au moins, de n'y laisser ni souche, ni bois, ni racine, et de le vider complettement.

Ce noyau, ou tranchée aveugle, étant fait, vous commencerez à fouiller les fossés d'écoulement: on a coutume d'en faire deux, l'un extérieur à la digue, et l'autre intérieur. Le premier sert à fournir un supplément de vase pour la digue, le fossé intérieur n'en donnant quelquefois pas assez, quand cette digue doit être un peu considérable. Ce fossé extérieur facilite d'ailleurs l'écoulement d'une partie des eaux environnantes, et les empêche, au moyen de cet échappement, de forcer contre la digue.

Il est inutile de creuser ce fossé extérieur bien profondément; il ne demande pas les mêmes soins que le fossé intérieur qui doit être fini proprement, et régulièrement; au lieu que dans celui extérieur, on peut laisser les chicots et les racines qui ne gênent pas trop pour la fouille. Il faut toujours conserver une berme convenable entre ce fossé et la digue.

Dans quelque espèce de terres basses que ce soit, les premières couches que l'on tire de ces fossés, sont trop mêlées de corps étrangers et trop peu compactes, pour pouvoir servir convenablement à former les fondemens de la digue ou du noyau. On doit jeter au moins les deux premières couches ou pellées que l'on en retire, en-decà, c'est-à-dire, entre le fossé et le noyau; et quand on trouve la vase ou terre bien compacte et convenable, on fait jeter celle-là dans le noyau, soit en une fois, soit dans deux, ce qui est le plus ordinaire, par la raison qu'il faut laisser entre la digue et les fossés environnans une berme de 20 ou quelquefois de 30 pieds. Si l'on négligeoit cette précaution, on s'exposeroit à voir ébouler promptement les bords de la digue et des fossés surchargés par le poids trop direct de la terre dont est formée cette digue.

On fouille les fossés d'entourage à la profondeur requise qui n'est pas toujours la même, mais dont la mesure assez ordinaire, est de six pieds pour le fossé intérieur : il faut avoir attention de donner à ce fossé le talus nécessaire, à mesure qu'on le fouille. La proportion de ce talus est de 5 à 6 pouces par pied; et à mesure qu'on creuse les bords de ce fossé en talus, on l'aplatit et l'égalise en frappant du plat de la pelle.

On pourroit finir de suite ce fossé intérieur sans prendre d'autres précautions; mais alors on seroit exposé à être chagriné par les marées, qui occasionnent des pertes de temps; outre qu'il est à craindre que les eaux ne délayent trop cette terre ou vase, en partie remuée, et qu'il n'en résulte des éboulemens.

On obvie à cet inconvénient, en plaçant,

dès le principe, un tuyau carré ou une écluse, appelée dans le pays, *coffre d'écoulement*, soit un grand, soit provisoirement un petit, qui puisse du moins retenir l'eau dans les marées ordinaires.

Pour poser ce coffre d'écoulement, on fouille un emplacement exprès dans la digue, qui fait face à la rivière ou à la mer, si l'on n'a pas dans le terrain de crique convenable. Mais il arrive ordinairement qu'il se trouve plusieurs de ces criques ou fossés formés par la nature, par où les eaux s'introduisent en abondance dans les terrains à la marée montante, et en ressortent de même quand elle perd. Il faut, dans le commencement, boucher toutes ces criques par de bons batardeaux.

Un batardeau n'est pas difficile à construire; mais il doit être fait avec soin et solidité: on commence par nettoyer tout l'emplacement qu'il doit occuper dans la crique qu'il s'agit de boucher. On prend ensuite deux fortes pièces de bois, ou lambourdes, de longueur suffisante pour traverser toute la crique, et en dépasser les bords, de chaque côté, d'environ six pieds : ces six pieds d'excèdent, s'enterrent dans la vase à une bonne pelle de profondeur, au dessus du lit de la crique. Les deux lambourdes s'établissent ainsi sur le fond de la crique en travers, à une certaine distance l'une de l'autre : ensuite on plante quelques forts piquets ou pilotis, extérieurement, devant chaque bout de ces lambourdes, pour empêcher l'écartement qu'occassionneroit la terre ou vase dont on doit remplir cet entre-deux de lambourdes, pour former le batardeau.

Quand les lambourdes sont bien placées et suffisamment assujéties, on plante tout du long de chaque lambourde, et par-dedans, un rang de piquets de chaque côté, que l'on chasse à grands coups de masses de bois, et que l'on met près les uns des autres, et à se toucher le plus qu'il est possible : il convient pour cela de les choisir bien droits. Quand tous ces piquets sont plantés, on remplit l'intérieur avec de la vase que l'on y jette avec force, et qui finit pour faire corps et une masse impénétrale à l'eau.

On trouve toujours sur les lieux mêmes des bois assez bons pour faire ces lambourdes, parce qu'il suffit qu'elles durent deux ou trois ans, au bout duquel temps le batardeau doit être assez consolidé pour n'avoir plus besoin de leur soutien.

A présent, pour placer le coffre d'écoulement, on nettoye la crique dans laquelle on veut le placer, ou bien on fait un canal exprès, si l'on ne fait point usage d'une crique. Il faut fouiller de quelques pouces plus bas que le niveau de la plus basse marée de la rivière ou côte dans laquelle on prend son écoulement.

Quand la fouille de l'endroit où l'on veut loger le coffre, est faite, on avance ce coffre vers l'un des bords du canal que l'on a fouillé pour lui : on l'y place sur quelques chantiers de bois, qui doivent le dépasser, et venir sur le canal à-peu-près de la moitié de son ouverture : le coffre y étant posé, on l'y renverse sur le côté, de façon que le fond, ou dessous de ce coffre soit établi verticalement du côté de la fouille, et presque au bord. Après cela, on entoure et saisit les deux extrémités du coffre avec deux forts cordages dont on arrête les bouts convenablement. Sur chacun d'eux, on établit un palan, dont on arrête l'autre côté sur quelques forts chicots, ou s'il ne s'en trouve pas, à deux forts pieux plantés exprès, et du même côté où est placé le coffre.

On met du monde à chaque palan, avec ordre de filer également et peu-à-peu, à mesure du commandement; ensuite un nombre de travailleurs placés le long du coffre, le poussent et l'avancent sur ses chantiers vers le trou, pour l'y jeter. Quand il ne porte plus sur le bord du terrain, il commence à faire un quart de conversion, et se retrouve sur son assiette naturelle, c'est-à-dire, le fond en bas. Il faut alors que les hommes qui sont aux palans de retenue, lâchent les garants tout-à-coup, pour laisser tomber le coffre dans son trou. Les chantiers ou chevrons, sur lesquels on l'avoit fait glisser, font, dans cet instant, la bascule, et servent à le diriger vers le fond du canal, où on l'établit et on le met de niveau et à plat, le plus exactement qu'il est possible.

Quand le coffre ou tuyau d'écoulement est placé comme on le désire, on retire les palans et autres cordages : on met, comme pour faire un batardeau ordinaire et plein, ci-dessus décrit, deux lambourdes, l'une au-dessous du coffre et l'autre au-dessus, immédiatement à le toucher. On y plante également des piquets, excepté à l'endroit occupé par le coffre, dont il ne faut point barrer l'ouverture : on y supplée par des madriers, ou, si l'on veut, par des bois ronds placés horizontalement et en travers. On comble ce batardeau avec de la vase, comme il a été expliqué précédemment, et on en recouvre le coffre.

Si on ne vouloit placer que provisoirement un petit coffre, pour faciliter seulement les premiers travaux, cela seroit bien plus simple : celui-ci se fait avec quatre fortes planches assemblées, de façon que chacune d'elles forme un des côtés : on pose au bout, qui doit être extérieur, une petite porte ou vanne, disposée en pente, pour la facilité et la sûreté de sa fermeture.

Il convient actuellement d'expliquer la manière de construire un grand coffre d'écoulement, que l'on supposera de trois pieds d'ouverture.

Les matériaux nécessaires pour cette construction sont :

1°. Six madriers de 26 pieds de longueur, sur 13 pouces de largeur et deux pouces d'épaisseur.

2°. Quinze madriers de douze pieds de longueur, douze pouces de largeur, et un pouce et demi d'épaisseur.

3°. Quatre madriers de douze pieds de longueur, douze pouces de largeur, et deux pouces et demi d'épaisseur.

4°. Deux pièces de bois de balata, de cinq pieds de longueur, sur sept pouces d'équarrissage.

5°. Une paire de pentures, de deux pieds et demi de longueur, et de deux pouces et demi de largeur, avec deux forts gonds dont les queues soient assez longues pour traverser la pièce de bois ou coussinet que l'on met au-dessus de la porte du coffre, et qui dépassent suffisamment pour les serrer avec un écrou ou avec une goupille.

6°. Quatre bandes de fer, dont les bouts sont contournés à la demande des coussinets, et qui ont une queue de deux pieds et demi de longueur, que l'on cloue sur le coffre pour le contenir et fortifier.

7°. Enfin, les clous nécessaires, qui, pour un coffre ainsi construit et de cette proportion, seront à-peu-près dans la quantité de douze livres, de la dimension de 5 à 6 pouces, et vingt ou vingt-quatre livres de clous caravelle de 3 pouces.

Pour faire ce coffre, on commence par dresser les grands madriers de 26 pieds de longueur; on les ajuste, trois d'un côté et trois de l'autre, de façon que chaque côté, formé des trois madriers réunis, fasse une largeur égale : on coupe le bout de ces madriers en talus, ou en sifflet, dont la proportion est de 3 pouces par pied au moins. Ce talus est seulement du côté qui doit regarder la rivière ou la mer, et auquel doit être appliquée la porte ou vanne formant écluse.

Les quatre madriers, de 12 pieds de longueur et de 2 pouces et demi d'épaisseur, servent à faire les cadres ou membrures du coffre. Pour cela, on les refend par le milieu de leur largeur, ce qui donne des madriers larges d'environ seulement 6 pouces, que l'on coupe en quatre longueurs de trois pieds chacune : on dresse ces morceaux, et on les assemble à angles droits et à queue d'aronde, de façon à former de quatre morceaux un cadre ; et chaque madrier donnant huit morceaux, cela fait deux cadres par madrier, et pour les quatre, huit cadres ou huit membrures bien suffisantes pour la solidité du coffre, sur une longueur de 26 pieds. Celui des cadres qui se place au bout des longs madriers, qui est coupé en sifflet, ou en bec de flûte, doit

être

être taillé de même, pour accompagner parfaitement ce talus. Quand les cadres sont faits, on les cloue à distances égales les uns des autres sur les longs madriers : les deux côtés du coffre étant cloués et arrêtés sur les cadres, on s'occupe des deux autres côtés qui sont le fond et le dessus du coffre : on y emploie les quinze madriers d'un pouce et demi d'épaisseur : on les coupe tous à la longueur de 3 pieds, ce qui suffit pour que les deux bouts portent sur les deux côtés du coffre : après avoir dressé ces morceaux, pour qu'ils s'ajustent parfaitement, on les cloue en travers du coffre, tant dessus que dessous.

La porte ou vanne de ce coffre se place du côté où les madriers sont taillés en biseau : on la façonne suivant cette même pente, et on la suspend par deux pentures, dont les gonds sont fichés dans une pièce de bois de balata, ou de tout autre de la meilleure qualité, que l'on arrête au-dessus du coffre, en la liant d'abord avec le cadre sur lequel porte cette vanne ; et ensuite, par deux crampons de fer qui l'embrassent sur trois côtés, et dont les queues sont clouées sur les madriers que l'on a mis en travers au-dessus du coffre, dans le bas duquel on place une pareille pièce de bois retenue et assujétie de même, sur laquelle la vanne bat et s'appuie en se fermant. Les gonds dépassent la largeur du coussinet dans lequel ils sont plantés, et derrière ils sont arrêtés avec un écrou ou une goupille, de façon à pouvoir les pousser en avant ou en arrière, suivant que l'exige l'exacte fermeture de la porte.

Cette porte s'assemble en emboîtant, les uns avec les autres, des morceaux de madriers bien dressés, et en les recouvrant d'une bonne doublure à angles droits, avec les premiers, et emboîtée de même : elle doit être plus large que l'ouverture du coffre, c'est-à-dire être égale à la largeur totale de celui-ci, y compris ses bords extérieurs. On doit mettre en dedans le côté de la porte où les madriers sont assemblés horizontalement, ou en travers, parce que le bois travaille moins dans ce sens, et que la porte, alors, est moins sujette à se déranger, et ferme plus exactement.

Pour donner plus de poids à cette porte et la faire fermer plus aisément d'elle-même et par son poids, on y ajoute, de chaque côté, une pièce de bois lourd, que l'on cloue sur sa surface extérieure ; cette pièce doit être grosse de 4 à 6 pouces dans le bas, et finir en coin vers le haut.

Un coffre d'écoulement de la grandeur indiquée ci-dessus, peut très-bien suffire au desséchement d'une pièce de 150 arpens : on peut en mettre un second, ou en faire un plus grand, à mesure qu'une plus grande étendue de terrain à dessécher l'exige.

Cette manière de vanne est la plus simple et la moins dispendieuse, pour servir à l'écoulement des eaux intérieures d'une terre que l'on veut dessécher et cultiver.

Au reste, quand on en a les moyens et le temps, on y peut faire des écluses à la manière connue en Europe, soit en bois, soit en briques. Il y a beaucoup d'habitans dans les colonies hollandaises de la Guiane qui ont de ces dernières.

Lorsque les fossés d'entourage sont finis et le coffre placé, on doit aussitôt travailler aux divisions du terrain, et aux chemins qui séparent chaque division. Ces chemins doivent être bordés de fossés un peu grands et se trouver à 100 toises au plus les uns des autres. Si les intervalles entr'eux étoient plus grands, l'écoulement seroit trop lent et insuffisant : il ne faut pas non plus les faire trop rapprochés, pour ne pas multiplier inutilement son travail.

Ces distributions sont arbitraires, et à la volonté du cultivateur. On fait les allées du milieu plus ou moins larges, et on plante sur les bords, des rangs d'arbres fruitiers, des bananiers, des ananas et autres plantes utiles. Il y a des habitans qui, outre la grande allée du milieu, en font une autre moins large de chaque côté, au milieu de l'espace qui est entre la grande allée et chaque digue, et qui partage le terrain en quatre parties égales: on peut encore simplifier cette distribution, pour diminuer le travail.

Il en est une bien avantageuse et que l'on croit devoir conseiller de préférence : c'est, au lieu de chemin du milieu, de percer un grand canal qui prend depuis le derrière des bâtimens jusques assez avant dans le bois, et traverse la digue de derrière. On se sert des terres qui en proviennent pour élever de chaque côté de ce canal, des digues qui forment un fort beau chemin à droite et à gauche sur chacun desquels on plante des rangs d'arbres. On ne sauroit trop apprécier l'utilité d'un pareil canal : il sert à transporter dans des barques ou pontons, le café ou autres denrées dans les temps de récolte, ce qui évite beaucoup de main d'œuvre. Ce canal est plein, toute l'année, de bonne eau douce qui vient du bois. Cette eau sert aux arrosages, aux divers besoins des cultivateurs, à se baigner, et au transport des bois pour la tonnellerie, et pour brûler, que l'on y fait flotter, etc.

Au bout de quelques mois du travail d'entourage des digues, lorsque la terre s'est affaissée et consolidée, on perfectionne les digues, on les égalise, on en fait les bermes et les talus bien réguliers. L'élévation de ces digues doit être toujours d'un pied au-dessus des plus grandes eaux.

Dans ces travaux de terres basses, après avoir débarrassé le terrain des gros bois et des branches, ce qui est toujours long et difficile, sur-tout dans celles couvertes de palétuviers, on a coutume de planter dans les commencemens, des bananiers qui servent à la nourriture des cultivateurs, et qui couvrant de leur ombrage épais les arbrisseaux, et petits arbres et plantes qui peuvent rester sur le terrain, achèvent de les détruire.

Après quoi, on les arrache, et on met à leur place les plantes utiles que l'on se propose d'y cultiver, pour faire du revenu. Si ce sont des caféiers, on les plante, pendant la première et la deuxième année, à l'ombre des bananiers, dont on laisse subsister une partie.

Il reste à observer que, dans les grandes habitations, et sur-tout dans les sucreries, la distribution des fossés doit être un peu différente.

Pour une sucrerie où l'on veut faire un moulin à eau, il faut ménager des canaux et des réservoirs suffisans, et des retenues d'eau, capables d'en fournir au moulin, avec une pente convenable, pendant tout le temps où la mer est assez basse pour permettre au moulin de marcher.

Il leur faut aussi des fossés ou canaux navigables pour des acons, autour de chaque division, afin de pouvoir transporter, avec facilité et promptitude, les cannes au moulin.

Dans les grandes caféteries, on fait aussi quelques-uns de ces fossés, pour le transport de la récolte dans de petits acons ; ce qui facilite singulièrement le travail des plantations, souvent fort éloignées du lieu de l'établissement. Il suffit, pour cela, d'avoir un fossé d'une vingtaine de pieds de largeur, divisant l'habitation par le milieu, et se dirigeant vers la profondeur. Ce fossé ne doit point avoir de communication avec les autres, puisqu'il est question d'y conserver de l'eau pour naviguer en tout temps, et d'y conserver de l'eau douce, comme on l'a indiqué ci-devant; mais il est nécessaire d'y faire une petite écluse, qui ait son issue vers celle qui sert à tout le desséchement, afin de pouvoir vider le trop-plein de ce canal, ou même l'assécher entièrement, s'il en est besoin, pour le nettoyer, etc.

Pour une sucrerie, la distribution de ces fossés et canaux est différente : ils ont deux objets; le premier, de former des réservoirs d'eau, suffisans pour fournir au mouvement du moulin; le second, de donner les moyens de naviguer autour de chaque pièce de cannes, pour les transporter au moulin. Il faut donc les faire plus grands, et les multiplier davantage. Voici quelle est cette distribution.

On commence par faire les fossés d'entourage, grands et proportionnés à l'étendue du terrain ; on forme ensuite des divisions de 100 en 100 toises, mais que l'on ne pousse qu'à-peu-près jusqu'au milieu de la profondeur de l'habitation. Le grand canal d'eau douce, dont on a parlé, et qui, du voisinage des établissemens de l'habitation, est percé jusque dans la profondeur, au-delà de la digue de derrière; ce canal doit avoir une largeur plus considérable vers l'endroit du moulin, que dans l'éloignement. Sur ce canal, on en fait d'autres moindres, qui lui sont perpendiculaires, et qui se trouvent placés dans l'entre-deux des divisions, de manière à n'avoir également aucune communication avec les fossés d'écoulement, mais seulement avec le canal du milieu, dont ils forment comme autant de bras.

Indépendamment de ce grand canal et de ses branches à angles droits, les divisions de terrain sont entourées d'un fossé d'écoulement, et en ont un autre dans le milieu de leur largeur, lesquels communiquent avec les fossés d'entourage et d'écoulement, qui servent au desséchement du terrain, ainsi que les petites tranchées que l'on fait, comme dans tous les autres desséchemens, de 30 en 30 pieds.

Quand une sucrerie, ou autre habitation, est d'une certaine étendue, il y faut deux écluses d'écoulement, une à chaque extrémité de la façade du terrain : on en met une troisième à l'entrée du grand canal qui sert de réservoir, afin de pouvoir introduire, quand on le veut, l'eau des marées dans tous les canaux : on la referme à marée pleine.

TROISIÈME LETTRE.

Je vous ai expliqué la manière de dessécher un terrain, de disposer les fossés et les écluses pour l'écoulement des eaux, et de préparer la terre, qui jadis étoit noyée, à recevoir telle plantation que l'on jugera à propos d'y établir. Je supposerai que ce sont des caféiers que vous avez dessein de faire croître sur votre terrain; l'objet de cette lettre sera donc de vous indiquer les moyens de détails par lesquels on peut faire prospérer une telle plantation qui ne laisse pas que d'exiger des soins.

Après que les tranchées ou petits fossés de séparation des lits sont faits, on s'occupe de la plantation. Il est assez généralement reçu de planter des bananiers avant des caféiers, même dans une habitation que l'on commence à défricher : dans ce cas on pourra le faire six mois, ou une saison après. Mais pour des habitans qui ont déjà des plantations et qui s'agrandissent, on pense absolument qu'ils doivent attendre pour le moins douze mois, c'est-à-dire qu'ayant entouré leur terrain de digues, pendant la grande sécheresse d'une année, ils ne doivent planter leurs caféiers que dans la saison des pluies qui suit la saison sèche de l'année suivante. Mais un habitant qui commence, et qui est plus pressé de jouir, peut planter dans la pluie d'avril ou mai de l'année qui suit la saison de la grande sécheresse, dans laquelle on suppose qu'il a formé son entourage : s'il l'eût fait pendant la petite sécheresse de février ou mars, il pourroit planter au mois de décembre suivant, pourvu toutefois qu'il s'occupe dans l'intervalle de tirer de son terrain défriché autant de bois et de souches de pinots, ou de lataniers de la petite espèce, que ses forces lui permettent, afin de se mettre en état de niveler et applanir le terrain autant qu'il lui sera possible, avant de planter les caféiers. Les autres habitans que l'on engage à attendre une année, s'ils le peuvent, doivent faire les mêmes travaux ; mais ils les feront plus commodément puisque beaucoup de ces végétaux sont pourris au bout de douze mois, qui ne le sont pas au bout de six mois.

Si l'on ne prenoit pas la précaution du nettoyement et nivellement du terrain, les caféiers croîtroient inégalement, et seroient fort détériorés par les poux de bois et autres insectes qui s'engendrent dans la pourriture des bois et des souches, et ces insectes une fois dans les pièces, deviennent, pour ainsi dire, indestructibles.

Une autre raison pour laquelle on opine à ne pas planter tout de suite les caféiers, est que le terreau s'affaisse beaucoup par le dessèchement, et quand y on plante trop tôt les arbres, ils sont très-sujets à se pencher ou à se coucher par terre, ce qui fait non-seulement un mauvais effet à la vue, et une grande confusion dans le sarclage; mais préjudicie après à leur portée; car un arbre couché par terre, ou penché sur un autre, ne peut jamais porter autant que celui qui est droit, et qui jouit de l'influence bénigne de l'air sur tous les côtés.

On peut, il est vrai, remédier en partie à cet inconvénient, en plantant dans ces nouveaux terrains plus profondément; mais jamais l'arbre ne prendra une si belle forme pyramidale, que lorsqu'on attend pour planter que le terreau soit un peu affaissé, puisque toute la partie qui est en terre perd ses branches des côtés, qui ne se remplacent jamais.

Le cultivateur cependant qui plantera au bout de six mois après le desséchement, fera toujours bien de ne pas négliger cette précaution ; car l'inconvénient dont je viens de parler est moindre que celui de voir les arbres couchés ou penchés.

A l'exception d'un très-petit nombre d'habitations où l'on a commencé à planter quelques pièces de caféiers à la distance de dix à douze pieds, on a adopté la coutume générale de ne pas les planter à une plus grande distance que neuf pieds, et même, à la côte de l'Ouest, à huit pieds seulement, parce que les caféiers y sont généralement plus petits.

Sans vouloir critiquer cette coutume, je suis d'avis qu'on peut planter les caféiers dans tous les bons terrains de la rivière à dix pieds de distance, et qu'on ne fait nullement mal de les mettre à dix ou douze pieds dans des terrains plus riches, parce qu'il est certain que l'effet de l'air est très-favorable, non-seulement à la croissance, mais aussi à la floraison de tous arbres fruitiers.

On a fait en général à Démérary une faute essentielle, en plantant les caféiers à 9 pieds de distance : on a commencé à partager les terres en autant de carrés de cette mesure, au milieu desquels on plantoit un arbre, et de quatre en quatre arbres, creusant un petit fossé ou tranchée de deux ou deux pieds et demi, d'où il résultoit qu'au lieu que la distance du pied de l'arbre au bord de chaque petite tranchée fût de la moitié de l'éloignement respectif des arbres, il n'y avoit que trois pieds à trois pieds et demi, qui au bout de quelques années se réduisoient encore à moins; car il est impossible qu'à chaque sarclage, la petite tranchée ne s'élargisse de quelques lignes, ce qui, au bout d'un certain nombre d'années, les met à une largeur égale. Ainsi la plupart des rangs d'arbres à Démérary, le long des petites tranchées, penchent tous vers elles, ce qui non-seulement porte un grand préjudice à l'écoulement des eaux, par rapport aux branches d'en bas, mais encore empêche qu'on ne cueille les cafés, du moins cela devient très-difficile. Je suis d'un avis tout opposé: à l'imitation des meilleurs planteurs de Surinam, non-seulement je dispose les planches en plate-bandes, de manière que le long des petites tranchées leur distance de l'arbre soit de la moitié de celle à laquelle ils sont les uns des autres; mais j'y ajoute un pied de plus pour pourvoir à l'élargissement de ces petites tranchées par le sarclage, c'est-à-dire qu'en plantant les arbres à la distance de neuf pieds, celle de l'arbre à la tranchée sera de cinq pieds et demi, et si je les plante à dix pieds, elle sera de six pieds.

Grand partisan de la multiplication des écoulemens, je préfère de ne mettre que trois rangées d'arbres sur une plate-bande ; ainsi, quand je plante à dix pieds, elles deviennent chacune de trente-deux pieds.

On fera bien de former, à chaque saison de pluie, une pépinière, d'autant plus que quand on a soi-même des caféiers qui rapportent, c'est un très-petit ouvrage, et l'on doit seulement choisir le moment d'un temps de pluie bien décidé : car comme les plançons se prennent de dessous les arbres, et sont par conséquent habitués à être totalement à l'ombre, ils meurent, si avant d'avoir repris, ils essuient la chaleur du soleil.

C'est la raison pour laquelle je préfère de les mettre dans la bananerie, qui, quelque large qu'elle soit, couvre toujours les jeunes plançons; ceux-ci s'accoutument ainsi peu-à-peu à l'air et au soleil.

Je conviens qu'ils ne sont peut-être pas aussi robustes que ceux d'une pépinière en plein air : cependant j'ai planté une pièce, sans bananiers, entièrement composée de jeunes plants de caféiers pris de dessous les bananiers, et il n'y en a pas eu douze, sur trois mille six cents, qui aient manqué. Je préfère d'ailleurs de planter les caféiers dans des pièces où il y a des bananiers. Les raisons sont, en premier lieu, que les bananiers garantissent, par leur ombrage, les jeunes caféiers, les mettent à l'abri des vents, et les font croître plus droit, point très-essentiel pour la beauté et l'utilité de l'arbre. L'on n'ignore pas qu'on peut leur mettre des échalas ou soutiens ; mais c'est un ouvrage qui ne remplit pas toujours parfaitement son objet, outre que ces bois servent de retraite aux poux de bois ou *carias*, particulièrement les troncs de pinots qui sont les plus propres à faire ces échalas. En second lieu, les forts vents qui règnent constamment dans certains mois de l'année, préjudicient à la croissance des arbres, ce que j'ai éprouvé à deux pièces que j'avois plantées après en avoir ôté les bananiers. La partie de ces arbres, qui s'est trouvée plus à l'abri des vents, a plus grandi que l'autre qui étoit plus exposée, et dans le même espace de temps.

Beaucoup

Beaucoup de personnes pensent qu'une pièce, plantée à découvert, forme des arbres plus vigoureux; mais on répond d'abord que l'on ne doit pas planter les bananiers fort près les uns des autres, et qu'on ne doit pas les y laisser trop long-temps, ni les ôter tout-à-coup, mais qu'on doit commencer à les élaguer à la seconde année, et faire en sorte qu'ils soient tous enlevés à la fin de la troisième.

Une attention très-essentielle à avoir, quand on forme une pépinière, est de ne prendre les plançons que sous les plus beaux arbres. C'est un objet qui a été particulièrement négligé dans cette colonie, d'où il résulte qu'il y a des habitations où la moitié des arbres est d'une mauvaise espèce de caféiers qui portent très-peu de fruits : on les nomme, je crois mal-à-propos, des mâles: ils se distinguent par leurs feuilles grosses et plates, par le grand nombre de branches noirâtres et mortes, par le nombre de faux jets, ou de branches stériles, enfin par la nature de leur bois qui est plus cassant que celui de la bonne espèce de caféiers.

On plante communément les nouvelles pièces de caféiers, dont la pépinière a été formée douze mois à l'avance : je pense que ceux-ci sont très-propres pour suppléer les arbres morts ou qu'on change pour d'autres raisons, dans les pièces anciennement plantées : je crois même qu'il convient de ne pas les prendre plus jeunes.

Mais pour des pièces que l'on plante à neuf, je préfère les caféiers tirés d'une pépinière de six mois : voici mes raisons : en général, plus un arbre se plante jeune, plus il reprend facilement : les connoisseurs en agriculture, en Europe, le préfèrent toujours ; mais cette raison devient plus forte dans ce pays où la plupart des arbres et aussi les caféiers ont une racine droite qui croît en pivot, laquelle venant à se courber dans la transplantation, fait que l'arbre languit et n'est jamais bien affermi ; d'où il résulte qu'il se penche en croissant, ou qu'il se couche par terre. Tandis que l'arbre est jeune, la racine à pivot n'étant pas si longue, se relève du terrain avec la terre et se replante de même. De plus, un jeune arbre étant moins battu par les vents, prend plutôt racine. Enfin, les petits arbres sont fort sujets à s'alonger dans les pépinières où l'on a de la peine à en trouver assez qui ne le soient pas. Le moyen, d'ailleurs, d'avoir constamment l'œil sur les cultivateurs qui transplantent, pour qu'ils ne choisissent que les sujets de belle venue? mais en les plantant jeunes, la forme n'y fait pas grand'chose : chaque arbre étant isolé croît de lui-même en forme pyramidale.

J'avoue qu'en plantant les arbres si petits, on augmente l'ouvrage des premiers mois: non-seulement il faut sarcler tous les mois, mais ces petits arbres, sont sujets à beaucoup d'insectes; les criquets leur tranchent la tête; les fourmis y attachent volontiers leurs nids, qui, si l'on n'a pas soin de les ôter, empêchent la croissance; mais ce n'est qu'une peine momentanée dont on est amplement dédommagé par les autres avantages.

Outre le sarclage et le nettoyage des insectes, on doit encore avoir soin d'ôter aux arbres les faux jets, et de faire en sorte qu'ils ne montent au milieu que par un seul. Un ou deux nègres entendus ont bientôt repassé une pièce.

Il faut, à cet égard, avoir également attention de replanter, aux premières pluies, tous les arbres qui n'ont pas repris ou qui meurent.

On fait bien aussi d'ôter, tout de suite après la floraison, durant les deux premières années, les graines des jeunes arbres : premièrement, ils ne donnent, pour la plupart, que du café flottant ; et je suis persuadé que cette portée précoce nuit à la croissance et à la vigueur de l'arbre, ce que le raisonnement fait concevoir et que l'expérience nous confirme, en nous montrant que, parmi les jeunes caféiers, les arbres plus foibles et plus languissans fleurissent le plus ; ce qui prouve que cette floraison anticipée est l'effort d'une nature affoiblie qu'il faut corriger en détruisant le fruit dès qu'il est formé. On en fait autant en Europe, avec succès, aux jeunes pêchers et abricotiers.

Lorsque l'arbre a crû à la hauteur de cinq pieds ou cinq pieds et demi, on doit arrêter sa croissance, en coupant son jet du milieu. S'il est vigoureux, ses branches de côté le feront encore hausser d'un pied ; et c'est toute la hauteur qu'il doit avoir, pour que tous les nègres puissent en cueillir le fruit ; car, quelque beaux que les grands arbres puissent paroître à la vue, l'utilité doit être le premier objet dans toutes les plantations.

Il faut, outre les fréquens sarclages, débarrasser constamment les arbres des faux jets qu'on doit arracher et ne pas couper. Il faut également arracher les jeunes plançons qui s'élèvent autour et à l'abri des arbres. Cet ouvrage, pour être bien fait, demande des nègres mâles, d'une taille haute et d'ailleurs vigilans et judicieux. Il est bien mieux aussi de le faire faire séparément, deux fois par an. Le moment le plus favorable pour cette opération est la saison des pluies, parce qu'on peut, en même temps, faire replanter les caféiers qui ont manqué.

L'on évitera de faire cet ouvrage, ou on le cessera, au moment de la floraison ; car en secouant les arbres, on feroit tomber les fleurs et les jeunes cafés. On fera même bien, si on le peut, de faire quitter le sarclage, quoique moins nuisible, pendant la récolte : il faut instruire et accoutumer les nègres à ne pas cueillir le café vert ; il n'est d'aucune valeur, et comme il procure de petits grains noirs, il ne fait qu'augmenter la peine du triage.

A l'exception des terres très-boueuses, telles que celles qui sont aux deux côtes maritimes, où les bords vont en baissant et sont d'une vase très-molle, on ne croit pas que le curage des tranchées soit nécessaire : il suffit qu'on les tienne sans herbes : elles s'approfondissent à proportion de l'écoulement d'eau qui se fait par leur moyen. Près des écluses, leur profondeur augmente; elle diminue en proportion de l'éloignement. Leur curage seroit un travail en pure perte, car la vase qu'on en ôte est bientôt remplacée par de la boue.

J'ai dit, en commençant cette lettre, que la plantation des bananiers doit précéder celle des caféiers dans les terres riches, où on se propose de planter ceux-ci. On ne doit placer les bananiers qu'à la distance de trente-six pieds, au moins à vingt-sept, si l'on veut planter les caféiers à celle de neuf pieds; car il faut que ces mêmes bananiers soient disposés de manière que leur pied se trouve au milieu de quatre caféiers. Un habitant qui commence, naturellement pressé d'avoir des vivres, pourra placer deux rangs de bananiers sur chaque petite plate bande, c'est-à-dire, quatre sur une double plate-bande. Un habitant qui ne fait qu'agrandir une plantation déjà en partie formée, et qu'on suppose fournie de vivres, ne plantera qu'un rang de bananiers sur chaque petite plate-bande : il pourra ajouter sur celle qui est double, et au milieu, un troisième rang qu'il faudra ôter, cependant, quand on partagera les plate-bandes doubles ou simples. La peine de planter une rangée de bananiers est peu de chose. D'ailleurs, il arrive quelquefois qu'il ne convient pas de planter la pièce en café au bout d'un an : ainsi, si cela est différé, on retire toujours les produits de ces bananiers, dont l'ombre est en même temps utile à la conservation des sels dans ces terrains nouveaux.

Outre les bananiers, on plantera aussi du maïs qui vient extrêmement bien dans ces nouvelles terres : on pourra répéter cette plantation plusieurs fois, même après que les caféiers y seront, en observant pour lors de les planter en rangs, à la distance de cinq à six pieds, pour pouvoir faire plus commodément les sarclages qu'on ne doit pas négliger, dès le commencement, afin de détruire d'abord les mauvaises herbes.

Les ignames peuvent aussi se planter en partie dans les nouvelles pièces, mais non pas lorsqu'on y a mis les caféiers. Cette plante qui est rampante, ou une espèce de liane, nuiroit à la croissance des arbres.

Le manioc et le camanioc viennent aussi à merveille dans ces terrains; mais il ne faut le planter que sur les allées et le long des bords des grandes tranchées, parce que le manioc appauvrit singulièrement la terre.

Quant aux patates, on ne doit jamais les planter dans le circuit de l'entourage ; et il faut bien empêcher les nègres d'en mettre : c'est une peste dont on a bien de la peine à se défaire, et on doit se restreindre uniquement à en placer sur les digues d'entourage.

Sur la bonification du Café.

Comme la bonification du café est un objet absolument séparé de la culture, on a cru devoir en traiter séparément. Le café cueilli, est porté par les nègres à l'endroit où sont posés les moulins destinés à l'égrainer. Il est mieux, plus commode et plus économique, d'avoir un grand bac où on le fait jeter, que de le mettre en tas par terre.

On a coutume de ne commencer que le soir à passer le café aux moulins : cependant, quand il y a beaucoup de monde pour le cueillir, et quand il y a une grande abondance de café, on fera mieux de commencer plus à bonne heure, pour que le travail ne se prolonge pas dans la nuit.

On connoît la construction de ces moulins ; je pense que ceux qu'on appelle ici moulins de la Martinique sont les meilleurs. J'ai essayé d'y faire un petit changement qui en accélère le travail, et même je suis occupé actuellement à faire dans le même systême un nouvel essai qui rendra ce moulin peut-être encore meilleur.

La peau rouge étant ôtée par cette opération, les grains blancs sont jetés dans un bac, à portée du bâtiment où sont les moulins. Il y a des gens qui n'y mettent l'eau que le lendemain : je préfère de la mettre le soir, ne fût-ce que pour gagner du temps le matin : au reste, quel que soit le parti que l'on prenne à cet égard, l'on y mettra de l'eau en quantité suffisante pour que le café en soit entièrement couvert; après quoi on frottera en remuant beaucoup le café, pour que la graine se détache de la matière gluante qui est entre la peau rouge et la blanche. A ce dessein, on fait écouler cette première eau par une ouverture pratiquée au fond du bac, on lave le café et on y met de l'eau propre, répétant la même opération jusqu'à trois fois; car pour que l'on puisse dire que le café est bien lavé, il faut qu'au tact le parchemin en soit rude.

En lavant et remuant le café au lavage, les peaux rouges qui ont passé par le tamis, surnagent ; les grains plus petits qui n'ont pas été écrasés par le rouleau, enfin les grains mal mûris et les plus légers s'enlèvent autant qu'on le peut, pour les tenir séparés sous la désignation de café flottant, de café en peau noire, sur-tout le dernier qui est nuisible à la manufacture, et qui engendre, plus que le café en parchemin, les insectes dans les loges ou sécheries. J'ai introduit chez moi l'usage de passer ce café une seconde fois au moulin et ensuite au lavage : alors la majeure partie se défait de sa peau, et se précipite en bas ; le café flottant se réduit pour lors à la petite quantité qui surnage à ce second lavage.

Lorsque le café est bien lavé, on l'étend sur des aires carrelées, où on le laisse sécher au soleil, autant que le temps le permet : si le temps est trop pluvieux, on met le café sur de grands tiroirs à coulisse tenant à la loge ou sécherie sous laquelle on les repousse, la pluie arrivant : ces tiroirs sont infiniment commodes. Le café étant parfaitement sec, on le passe au magasin de la loge, qui est ordinairement à deux planchers ou étages.

On fait bien, sur-tout en temps pluvieux, d'entasser le café le moins épais possible ;

dans tous les cas, on doit le faire remuer deux ou trois fois par jour, pendant les premiers temps sur-tout : la négligence, et une économie mal entendue des habitans à cet égard, leur fait avarier beaucoup de café.

On diminue le remuage en loge plutôt ou plus tard, à mesure de la saison plus ou moins sèche.

A mesure que le beau temps vient, on peut commencer à bonifier le café dans la loge, mais seulement quand on a une occasion pressante de l'embarquer; car lorsqu'il est bonifié, de quelque façon qu'on s'y prenne, il dépérit toujours. En temps de paix, quand les bâtimens pour charger la denrée ne manquent pas, le plutôt qu'on peut expédier le café est le mieux ; car tant qu'il est dans le magasin, il exige des soins et du travail, et il est plus beau quand on l'expédie promptement. En conséquence, il ne faut pas sans nécessité commencer à piler le café, avant que le beau temps sec soit bien établi, et qu'on soit assuré d'un beau soleil. Pour lors on descend le café dans la loge sur l'aire carelée, en commençant toujours par le café flottant. Cette sorte de café inférieur engendrant toujours plutôt la vermine que celui qui est plus parfait, il faut ordinairement trois jours de beau soleil pour le mettre au point de pouvoir être bien pilé. Si le soleil est foible, il faut un jour ou deux de plus; dans tous les cas, il faut, avant de le piler, qu'il soit tellement endurci qu'on ne puisse qu'à peine casser les grains avec de bonnes dents.

Je ne suis point la méthode ordinaire aux autres habitans : je fais commencer à piler vers deux heures après midi et avec tout l'atelier; les plus forts nègres étant employés à piler, les autres mettent le café en tas sur l'aire carrelée. Ils le portent ensuite dans une grande caisse ou tiroir, d'où on le sort à mesure qu'on le pile. Il faut toujours faire en sorte que le café soit sorti de l'aire carrelée avant quatre heures: j'ai remarqué que lorsque le soleil est abaissé à quarante-cinq degrés de l'horizon, la chaleur diminue à tel point que le café refroidit sensiblement; mais lorsqu'il est rassemblé dans un grand tiroir, il conserve très-long-temps la chaleur.

Le café, ainsi bien séché et pilé tout chaud ne se brise guère et ne s'applatit jamais : il quitte pour lors ordinairement la pellicule qui est entre le parchemin et le grain. Quand il sort du pilon, je le vanne tout de suite : d'autres habitans ne le vannent que le lendemain. On économise, en le vannant dans le jour, beaucoup de temps : après qu'il est vanné, on le monte à la place où l'on établit le triage.

J'ai deux grands tamis de cuivre : d'abord on fait passer le café pilé dans celui qui a les plus grandes ouvertures ; on y fait passer tous les grains avec le café rond et rompu, et il ne reste dans le tamis que les grains qui n'ont pas perdu leur parchemin, et qui doivent par conséquent être remis au pilon.

Le second tamis reprend ce qui est sorti de l'autre, et j'y passe avec le café rond, tout le café brisé, du moins le plus menu. Au moyen de ces deux tamis, il ne reste à choisir, dans le triage avec les mains, que le café brisé en plusieurs gros morceaux, et les grains noirs mal venus et ceux attaqués des insectes.

Je fais encore vanner le café net, pour en tirer les pellicules, la poussière ou autres corps étrangers ; après quoi, quand le soleil est bien chaud et le ciel serein, on peut le mettre, pour quelques heures, sur l'aire carrelée, afin de ne l'enfermer que bien sec dans les barriques, après avoir eu soin de le laisser refroidir.

On voit par tous ces détails, que la bonification d'une grande quantité de café ne laisse pas que de donner beaucoup de travail, qui retarde considérablement celui du jardin dans une saison où on a besoin de creuser les fossés et de sarcler, ce qui a donné occasion de chercher si l'on ne trouveroit pas un moyen de bonifier le café différemment.

On a donc formé un moulin sur le mécanisme de ceux avec lesquels on écrase les olives, pour en extraire l'huile; il a bien réussi, et on ne doute pas que cette machine perfectionnée ne devienne d'un usage général dans les grandes caféteries, d'autant mieux que la construction en est simple et peu coûteuse.

Cependant, pour perfectionner ce moulin, il faut perfectionner aussi les moyens divers, employés pour sécher le café sans soleil, chose utile, même encore qu'on le pile. Quand on fera d'autres essais, il n'y a pas de doute que l'on ne réussisse. Il faut avoir pour principe que le café se sèche, sans acquérir d'odeur de fumée, ni de mauvais goût, et sans perdre sa couleur verte ou bleuâtre.

Sur les bâtimens.

Le premier bâtiment à faire quand on défriche un terrain, est la maison pour loger l'habitant. Il ne pourra être que très-mal à son aise, jusqu'à ce qu'il ait entouré une partie de son terrain d'une digue. Il pourra faire cette maison plus ou moins grande, selon son goût, sa convenance et ses facultés. On conseille de la faire isolée, et non attenante à une loge ou magasin, pour éviter les insectes et la poussière, et rendre l'un et l'autre bâtiment plus aéré.

Après cela, il faudra procéder à la construction de l'écluse. On peut se contenter, au commencement, d'un coffre qui s'ouvre avec le jusant et se ferme avec le flot, par le moyen d'une porte à clapet: mais quand l'habitation augmente en étendue, on croit devoir recommander de préférence une écluse avec une porte à trappe, qu'il faut faire ouvrir et refermer à chaque marée, parce qu'il est indubitable que vers la fin du perdant, quand l'eau n'a guère plus de force, la porte à clapet ne laisse guères sortir de l'eau, même elle nuit toujours à l'écoulement par sa pesanteur, sur-tout quand on la fait pencher extérieurement, selon l'usage presque général, dans cette colonie. Que ce soit un coffre ou une écluse, on doit avoir soin de le poser bien à plomb, bien solide, et sur-tout bien profond. Le trop de profondeur, quoiqu'inutile, ne sauroit nuire, mais bien le trop peu; et l'on fait prudemment de faire en sorte que le fond de l'écluse soit situé à six pouces plus bas que la plus basse marée. Il est essentiel de garnir de bonnes ailes en dedans et en dehors, afin qu'aucune voie d'eau ne puisse filtrer le long du coffre ou de l'écluse : la négligence de ces points importans cause des accidens continuels aux coffres et aux écluses dans cette colonie.

Les bonnes écluses sont essentielles au desséchement des terres. Il est certain qu'il faut des ailes aux écluses; mais il vaut mieux en faire prolonger les côtés, en forme d'ailes, et jeter des roches perdues dans les dégradations et éboulemens des terres, que de faire des ailes en bois qui coûtent trop, par les réparations continuelles qu'elles nécessitent.

Pour

Pour des commençans, deux écluses sont un grand objet de dépense ; il faut beaucoup de briques, de chaux, de ciment et des bois pour les fondations. Quant aux écluses en bois, elles ne valent pas la peine qu'on en fasse les frais; elles coûtent beaucoup, et sont aussitôt détruites par les vers. Ceux qui n'ont pas de grands moyens, sont obligés de se servir des coffres ou tuyaux d'écoulement, que j'ai ci-devant décrits.

A Surinam, on les fait trop larges : quand on a de bons fossés, le coffre peut avoir moins de dimension qu'on ne le croit. On les y fait aussi toujours trop courts, ce qui empêche de former une forte digue au-dessus ; on les y fait avec trop peu de soin, et sur-tout la porte ou vanne qui fait toujours beaucoup d'eau. Ce manque d'attention est cause que les jointures étant peu serrées, l'eau qui filtre en dedans, délaie peu à peu la vase qui serre le coffre, jusqu'à ce qu'il se forme des cavités ; l'eau alors se fait jour le long du coffre, la digue s'écroule et se rompt. On tâche de la racommoder, et on a le déplaisir de voir que ce n'est que pour très-peu de temps, parce qu'on n'a pas remédié à la cause du mal, ne la connoissant pas : enfin on en conclut hardiment que les coffres sont une mauvaise invention.

Un autre défaut de construction des coffres, est de donner trop d'inclinaison à la porte, ce qui empêche les eaux de la soulever pour sortir. Ces portes sont le plus souvent tenues avec des pentures de bois, comme s'il ne s'agissoit que de la porte d'une grange. On a perfectionné cette machine, et si on vouloit la garnir en plomb pour qu'elle ne fût pas piquée des vers, elle seroit presque aussi utile que les écluses, et je la préférerois dans ce pays, où les négres sont trop négligens pour ouvrir régulièrement, comme il convient, les portes.

Pour un desséchement de deux cénts acres, je ne fais faire que deux coffres de trois pieds de vide chacun; je leur donne 26 ou 28 pieds de longueur; je fais bien joindre les madriers; j'en fais calfater en goudron tous les joints, comme à un navire: on y fait une bonne porte qu'on pose avec des fortes pentures de fer, qui ont leurs gonds avec un écrou pour les retenir, et des clous, aussi à vis et écrou. Je fais joindre cette porte hermétiquement; et de la manière dont elle est arrêtée, jamais elle ne peut être dérangée.

Lorsque ce coffre est posé, je fais mettre une très-forte digue dessus, même de deux pieds plus élevée que celle qui est auprès. Ce coffre ainsi arrangé, ne fait pas une goutte d'eau, durant le flot, et jamais la digue ne se dérange, que lorsqu'il est pourri ou mangé des vers, et qu'il tombe en ruine. Il ne reste jamais d'eau dans les fossés: la porte s'ouvre très-bien par le moindre poids des eaux.

L'habitant à café a un avantage, qui est de n'avoir pas à s'inquiéter de construire des bâtimens avant la troisième ou la quatrième année : il pourra en faire alors, à proportion des arbres plantés, même de ceux qui ne donnent pas encore de récoltes. Les travaux deviennent plus exigeans, à mesure que les arbres viennent en rapport: on fera prudemment de n'étendre les plantations, dans les premières années, que dans une proportion telle que, lorsque les caféiers seront en rapport, on ne soit pas obligé de négliger le jardin pour la récolte; car on doit calculer qu'on emploie au moins le cinquième de l'année, c'est-à-dire 2 mois et demi à 3 mois, aux deux récoltes, et une septième partie pour la bonification du café, sans parler du remuage et autres travaux de la sécherie. Le manque de cette attention, est cause qu'un nombre de caféteries sont mal cultivées et mal entretenues. Il est constant qu'une plantation d'une étendue bornée, étant bien entretenue, donne plus qu'une grande qui l'est mal.

On pense qu'un bon bâtiment peut suffire à tout pendant de longues années, pourvu qu'on le fasse un peu solide, et cela, sans qu'il soit fort coûteux : on peut lui donner de 32 à 34 pieds de largeur, et telle longueur qu'on voudra : il est à propos de le poser de manière qu'on puisse l'alonger à mesure que la quantité de café à emmagasiner augmentera. On peut poser les poteaux sur des sous-bassemens de même hauteur, mettre des pièces formant un soutien pour les bouts des poutres qui s'appuieront dessus ou s'y assembleront. On mettra ces poutres à une élévation de 8 et 9 pieds; mais les poteaux s'élèveront de 4 à 5 pieds de plus, pour que le grenier puisse avoir, des deux côtés, des fenêtres à clapet entre tous les poteaux, parce qu'il est essentiel que le grenier soit bien aéré, pour que le café se sèche promptement. C'est pourquoi on fera, aux deux façades, de grandes fenêtres qui descendent jusqu'au plancher.

Il est étonnant combien le café sèche plus vîte quand le vent y agit directement; il n'est besoin de planchéier que les deux façades et les deux côtés du bâtiment à la partie supérieure qui ferme le grenier. Le bas peut rester ouvert, ou bien on peut le fermer ou palissader seulement avec des troncs de pinots : le tout doit être couvert en essentes, ou bardeaux du pays, qui sont très-durables : des troncs de pinots suffisent pour les supporter ; il n'est pas besoin de lattes.

Dans le bas, on posera le moulin à égrainer le café, les pilons, le grand bac pour jeter, soit le café qu'on récolte, soit celui que l'on pile : le même étage inférieur peut servir, si on alonge la loge pour y établir la tonnellerie, pour une bergerie et pour divers autres usages.

Quant aux loges à café, on pense qu'elles ne peuvent avoir qu'une seule bonne position, qu'on doit toujours leur donner, de quelqu'autre manière que puissent être posés ou situés les autres bâtimens. Il faut que les grandes façades regardent à l'est et à l'ouest, et que leur longueur soit dirigée du nord au sud. L'aire carrelée doit être au pignon du nord, en l'éloignant suffisamment pour éviter les ombres du matin et du soir, et l'abri des vents que le corps du bâtiment procureroit; car le vent est très nécessaire pour sécher le café. Ceux qui ont vu bonifier trois ou quatre cents milliers de café et autant de cacao, sur une seule habitation, connoissent tout le prix d'une aire à sécher, bien vaste. Il faut la faire bombée, plus qu'on ne les fait ordinairement. Il faut avec des bois très-minces et des planches d'un demi-pouce, très-légères, faire un petit comble ou toit mobile de 20 pieds de longueur, et de 15 de largeur, couvert encore d'une toile goudronnée. On pose ce toit sur des roulettes qui vont sur tous les sens, à la façon de celles des meubles d'appartemens et des lits. Lorsqu'on voit un grain de pluie, on amoncelle le café à grands coups de pelles de bois, et on roule le toit dessus, pour le mettre à l'abri : cela est très-économique et d'une grande utilité.

Si on a des tiroirs ou bacs à coulisse, on pourra encore se servir du bas de la loge, sur l'un des deux côtés, en observant cependant d'alonger suffisamment les bois sur lesquels marchent les rouleaux des tiroirs, et ayant attention que l'ombre portée par la loge, ne nuise pas au desséchement du café, à certaines heures du jour.

Sur le devant ou sur le derrière, selon la position de la loge au levant ou au couchant, il faut faire une aire carrelée. Il est d'une grande utilité qu'elle soit d'une belle étendue. A côté de cette aire, et le plus près possible de la loge, doit être le bac à laver le café, dans lequel il est toujours utile de former une séparation; car comme il faut renouveler l'eau plusieurs fois, pendant le lavage, il est très-commode de pouvoir passer le café, tantôt dans l'un, tantôt dans l'autre côté de ce bac.

Voilà tout ce qui paroît nécessaire pour la bonification et la conservation du café.

QUATRIÈME LETTRE.

Réponse de l'Habitant des bords de l'Aprouague, dans la Guiane française, aux trois lettres précédentes de l'Habitant de Démérary.

J'AI reçu avec bien de la reconnoissance, mon cher ami, les trois lettres que vous m'avez fait le plaisir de m'adresser, concernant la culture des terres basses, de laquelle nous avons commencé, depuis quelques années, de faire des essais, et dans laquelle vous êtes nos maîtres. Je profiterai, non-seulement pour moi-même, de vos utiles instructions, mais j'en procurerai la connoissance à tous mes concitoyens, qui spéculent comme moi sur les produits de ces terres, ou à ceux qui pourront, à l'avenir, s'adonner à de semblables entreprises, dans un immense pays, qui ne demande que des bras. Votre caractère communicatif, qui est le signe distinctif de la véritable instruction, et l'apanage des ames honnêtes, me donne l'assurance que je remplirai vos intentions, en répandant ces connoissances autant qu'il me sera possible, et même en faisant imprimer, pour l'utilité générale, les lettres bien satisfaisantes que vous m'avez écrites sur ce sujet.

Déjà plusieurs de mes voisins, qui travaillent, comme moi, en terres basses, ont pris de vous d'utiles leçons; et déjà ce quartier commençoit à prospérer, de manière à espérer de lui voir rivaliser un jour vos belles colonies.

Mais, depuis la révolution qui a fait de la France une république, et qui a rendu à tous les hommes, vivant sous sa domination, la jouissance de tous les droits de l'homme et du citoyen; qui a aboli l'esclavage et supprimé la traite des nègres, tout ici a changé de face. On a proclamé subitement la liberté à des hommes qui étoient tenus, avec une rigueur plus ou moins dure, mais toujours arbitraire, à des travaux par eux-mêmes rebutans, et qu'ils faisoient pour le profit d'un seul, sans aucun avantage pour eux-mêmes. Ils ont été laissés entièrement les maîtres de contracter ou non, avec les ci-devant propriétaires de leurs personnes. Il en est résulté que presque toutes les habitations en terres basses de ce quartier d'Aprouague, ont été abandonnées, ou qu'elles ont dépéri considérablement.

Je suis ami de la liberté, quoique ci-devant propriétaire d'esclaves. Je traitois les miens avec une singulière attention, et j'en ai gardé plusieurs. Je les aurois même tous conservés, si, arbitrairement, le gouvernement n'en avoit disposé pour les employer sur d'autres habitations, dans d'autres cantons, pour faire prospérer, de préférence, les habitations séquestrées entre les mains de l'administration, ou pour favoriser des intérêts particuliers.

Il s'élève une question ici, qui n'en fait pas une pour plusieurs colons, mais dans laquelle je ne suis pas de leur avis, et dont la discussion intéresse singulièrement l'humanité : elle ne peut manquer d'intéresser les colons bataves, nos voisins, dont le gouvernement, fondé sur les mêmes principes que le nôtre, arrivera nécessairement aussi à l'abolition de l'esclavage.

Pour entrer dans cette discussion, je poserai d'abord les questions et le dire de la plupart de nos voisins.

« Comment une culture, qui exige d'aussi » grands travaux préparatoires, d'aussi

» énormes avances de fonds, pourra-t-elle » actuellement s'accorder avec la liberté des » nègres cultivateurs? Ne voyez-vous pas » que les Hollandais, qui ont fait d'aussi » grands progrès dans ce genre de culture, » sont, de tous les Européens, ceux qui » traitent les nègres avec le plus de sévérité? » Qu'ils ont, avec cela, dans leur mère-» patrie, des comptoirs ou associations qui » spéculent sur la mise en valeur de ces » terres, et qui fournissent des avances » considérables aux habitans, qui ne sont » proprement que les économes de leurs » bâilleurs de fonds? Nous, qui avons » commencé une foible imitation de ces » cultures de terres basses, l'aurions-nous » jamais pu, sans les secours puissans que » le gouvernement a donnés, en tous genres, » aux premiers cultivateurs de ces terres? » l'aurions-nous pu sous un autre régime » que celui de l'esclavage, où l'homme n'a » d'autre ressource et d'autre existence » possible, que celle d'un travail assidu et » sans relâche, et où il n'a pas même le » droit de se plaindre?

» Ne voyez-vous pas toutes les colonies » françaises dévastées par le fer et par la

» flamme, et que celle-ci n'a, en quel-
» que sorte, échappé au désastre général,
» que par son isolement, par la foiblesse
» d'une population éparse sur de vastes
» étendues, et qui n'a pu se coaliser contre
» nous ? Quoique nous ayions évité de plus
» grands maux, n'est-il pas bien visible
» que tout a dépéri dans cette colonie,
» depuis l'époque de la liberté, et que,
» sur-tout, les habitations en terres basses
» sont la partie qui a le plus déchu ? Re-
» marquez, de plus, qu'il ne s'est formé
» depuis aucune nouvelle entreprise de ce
» genre. Eh! comment pourroit-il s'en
» former ? Quels moyens aurez-vous de
» stimuler des noirs à des travaux rudes et
» déplaisans par leur nature, qu'il faut faire
» pendant des années entières, sur ces terres,
» pour les dessécher, avant d'en retirer
» aucun revenu ? Je conçois que vous con-
» sentirez quelque jour à donner, à vos
» cultivateurs, le quart de vos revenus,
» comme l'on fait, dit-on, à Saint-Domin-
» gue ; mais, comment ferez-vous jusqu'au
» moment éloigné où ce quart sera quelque
» chose ? »

Voilà de grandes et fortes objections : je

vais tâcher d'y répondre victorieusement. Le rétablissement des colonies françaises, et la conservation de celles qui se trouvent encore intactes, sont, avec raison, regardés comme d'un intérêt politique si grand, que tout ce qui peut donner quelque jour sur les moyens d'arriver à une prospérité assurée pour les unes, et d'éviter pour les autres les chocs d'un changement devenu nécessaire dans leur régime, doit être accueilli avec reconnoissance par les propriétaires colons, comme par les cultivateurs manuels.

Ce n'est pas dans cette colonie seule que j'ai puisé mes idées. J'ai vécu dans les colonies de diverses nations européennes; j'ai étudié le caractère des nègres; j'ai examiné les diverses manières de les gouverner, et leurs effets; j'ai lu tout ce qui a été écrit pour le maintien et pour l'abolition de l'esclavage; et je suis fermement convaincu qu'il est possible de concilier, dans la culture des colonies, la morale avec la politique, d'allier sous la zone torride l'industrie au bonheur, compagnes par-tout inséparables.

Ce que j'ai à dire est fait pour calmer les alarmes des colons qui possèdent encore des esclaves, et qui, par l'institution malheureuse des colonies, regardent tout raisonnement contre l'esclavage des nègres, comme une attaque directe faite à leurs propriétés.

La France a la première, la seule encore des nations d'Europe, aboli franchement et complettement cette honteuse institution: les effets de cette révolution ont été presque par-tout désastreux; mais pouvons-nous bien juger des effets sans connoître les causes; et d'autres causes n'auroient-elles pas opéré différemment? Une autre conduite, une autre manière de gouverner ce changement de l'esclavage à la liberté, n'eussent-ils pas produit d'autres effets? C'est ce dont on ne peut douter.

L'assemblée nationale, après avoir décrété les bases de la déclaration des droits de l'homme, n'a eu aucun égard à ces principes, dans toutes les dispositions relatives aux colonies, qu'elle a abandonnées à la faction des ennemis déclarés de la liberté et de l'égalité. Loin d'améliorer le sort des esclaves, et de préparer sagement les voies à leur affranchissement, elle a même refusé le droit de citoyen aux gens de couleur, ou elle a autorisé les colons à leur refuser l'existence politique, après la leur avoir accordée un instant. Ni les assemblées coloniales, ni les propriétaires des colonies, ni les agens du gouvernement, ne vouloient la liberté, pas même atténuer dans la moindre circonstance, l'opprobre et la dégradation qui pesoient sur les gens de couleur, avilissement que, bien loin de là, on sembloit, depuis la révolution, vouloir établir en principe. On est parvenu, par une telle conduite, à faire de cette classe d'hommes nos plus cruels ennemis, et à bouleverser la belle colonie de St.-Domingue.

Lorsqu'ensuite, dans des temps désastreux, où les opposans à l'amélioration du régime des colonies, se sont montrés les amis déclarés de la royauté, ont appelé à eux les Anglais, et ont armé même les nègres contre nous, dans l'espoir de parvenir à rétablir l'esclavage, lorsque tous les moyens les plus extrêmes étoient devenus nécessaires, la convention nationale a ramené brusquement aux principes de la liberté, qu'il n'étoit plus temps d'établir par gadation : il en est résulté des désastres qui peuvent offrir une utile leçon aux autres colonies.

Il faut qu'elles arrivent, s'il se peut, à la liberté, sans choc, sans dérangemens de propriétés particulières, et sur-tout sans effusion de sang. Outre le sentiment général d'humanité qui sollicite tout être honnête et sensible de désirer que ce changement s'opère sans les secousses qui ont agité quelques-unes de nos colonies, je ne puis manquer de m'intéresser au sort de plusieurs de ces colonies, et je ne peux qu'en engager les habitans à peser mûrement les réflexions que je leur présente, en se pénétrant bien de cette vérité : qu'il est impossible de maintenir long-temps l'odieux régime de l'esclavage, et que, pour en rendre l'abolition avantageuse et exempte de troubles, il faut s'y prêter de bonne grâce.

S'ils trouvent ici quelques moyens de faciliter cette tâche, j'aurai bien mérité des colons, en montrant qu'il est possible, dans les colonies, de s'enrichir des productions de la terre, sans faire frémir l'humanité, et qu'avec une ame bienfaisante on peut être, sans remords, propriétaire d'habitation.

La question de l'esclavage des noirs, occupoit depuis long-temps les esprits, avant qu'il fût question de révolution en France, cette question a été tranchée par la république française : elle ne peut laisser dans l'indifférence les gouvernemens qui ont des colonies, où le système de la liberté n'a pas encore gagné.

Les

Les nègres n'ignorent pas, ou du moins ils ne pourront ignorer long-temps, l'état bien différent de leurs semblables dans les colonies françaises, voisines des leurs : quand on pourroit le leur cacher, croit-on qu'ils aient jamais ignoré leurs droits, et que la voix de la nature se soit endormie chez eux au gré de leurs possesseurs ?

Quelque stupides que leurs détracteurs les représentent, ils se sont montrés capables d'une très-grande énergie : ils ont, vous le savez, dans vos colonies de la Guiane hollandaise, comme à la Jamaïque, l'exemple d'un nombre d'hommes de leur race, qui par leur courage se sont procuré la liberté, malgré leurs maîtres qu'ils ont forcé de traiter avec eux de leur existence indépendante.

On doit craindre les plus fâcheux événemens, si on ne s'occupe pas sérieusement de l'amélioration du sort de cette espèce d'hommes, si précieuse par les riches productions que ses travaux nous procurent, et en même temps si peu protégée, si maltraitée. On auroit bien tort de s'endormir dans une imprudente sécurité.

L'exemple des colonies françaises doit ajouter de la force à ces réflexions : elles ont été ravagées par la résistance à la liberté, elles se rétablissent avec sa douce influence, malgré toutes les difficultés de la guerre.

Que peuvent dire ceux qui soutiennent l'esclavage ? Ils mettront en avant l'ancien usage des colonies, l'impossibilité prétendue de les cultiver sans noirs et sans esclaves, la raison d'état qui veut que l'on ait des denrées coloniales. On s'appuiera du bonheur des nègres dans leur état actuel, bien préférable, nous dit-on, au sort de nos paysans. On donnera comme inhérens au caractère des nègres, la paresse, la fourberie et toutes les mauvaises qualités que leur trouvent des maîtres durs et égoïstes, qui ne voient en eux que les instrumens passifs de leur fortune; mais ces mauvaises qualités et ces vices, sont, ou relatifs à l'opinion et au préjugé que donne leur état, ou occasionnés par la manière dont on les traite : communs à tous les hommes, et dans toutes les sociétés, ces vices s'évanouissent, ou du moins s'affoiblissent considérablement sous un régime humain et raisonnable, même parmi les esclaves : c'est ce qu'une expérience suivie et attentive m'a bien démontré.

Les partisans de l'esclavage ne peuvent

d'ailleurs faire entrer pour rien dans leurs divers raisonnemens, la cause de l'humanité, ni la justice, ni le droit naturel, imprescriptibles pour tous les hommes, indépendamment de leur couleur, et des circonstances plus ou moins favorables de leur naissance. « Il nous faut des colonies, on ne peut les » cultiver sans esclaves ; donc il est nécessaire » de faire la traite et d'avoir des esclaves ». Voilà à quoi se réduiront toujours leurs argumens.

D'un autre côté, les personnes qui plaidoient pour l'abolition de l'esclavage, inspirées par la raison, la justice, la bienfaisance, et tout ce que l'humanité offre de motifs plus respectables, ont souvent été trop loin, et ont prêté ainsi à la critique de leurs opposans, intéressés au maintien de l'esclavage ; ils ont péché, soit par excès de zèle, soit faute de respecter la raison politique des états, qu'il est devenu impossible de ne pas ménager, à cause des cris d'un nombre de gens dont la fortune dépend des cultures : fondées sur ce moyen ils ont prêté encore à la critique des colons, en n'appercevant pas bien tous les moyens d'opérer la révolution qu'ils désiroient. Il est arrivé des événemens désastreux, qui semblent venir à l'appui des raisonnemens des partisans de l'esclavage; mais, que peut-on en déduire, sinon que les projets d'humanité en faveur des noirs, n'auroient dû et ne doivent s'exécuter, en bonne politique, qu'avec du temps et des gradations? qu'un affranchissement subit et illimité, sans exception ni conditions, remplit mal le but qu'on se propose, et offre même de grands inconvéniens? En effet, on doit convenir que les nègres nouveaux, ceux non encore accoutumés à la langue et aux usages des Européens, ne peuvent, sans danger pour les plantations, ni sans inconvéniens pour eux-mêmes, être tous à la fois remis en liberté, sans intervalles ni précautions. C'est ainsi que des yeux affoiblis par une longue obscurité, ne pourroient revoir subitement la lumière, sans en être éblouis : il faut la leur rendre par degrés et avec attention.

Mais, il n'est nullement impossible, il est même utile et politique de préparer les voies pour l'abolition de l'esclavage. On peut parvenir à ce but, en ménageant la raison d'état, la politique des nations, en conservant les colonies qui n'ont pas encore subi de changemens, sans déranger en rien les propriétés foncières des habitans, ni diminuer leurs revenus. Le terme dans lequel on pourroit rendre, par gradations, la liberté aux nègres, ne seroit point fort éloigné ; et les bonnes dispositions de plusieurs colons l'abrégeroient plus qu'on ne pense. Il en est beaucoup qui ne demandent, pour bien faire, que d'être éclairés sur leurs véritables intérêts ; c'est ce qu'on obtiendra par l'expérience et avec le temps ; et il faut qu'à mesure, les gouvernemens réforment l'institution vicieuse qui existe, et que leur loi a autorisée jusqu'à présent.

Toutes les ames honnêtes, sensibles et désintéressées, sont persuadées d'avance ; mais il faut démontrer à l'administration, il faut prouver aux propriétaires d'esclaves, qu'on peut opérer ces changemens par des moyens tranquilles et sûrs, en faisant l'avantage des habitations. Il est nécessaire pour cela de se dégager de toutes préventions, et de réflechir avec impartialité sur les moyens par lesquels on peut parvenir à rectifier graduellement l'institution vicieuse des colonies, en conservant leurs habitations et leurs cultures.

Le premier moyen sera l'abolition de la traite des noirs.

Cette traite offre un objet intimement lié avec l'esclavage, parce qu'elle lui sert d'aliment, parce qu'il semble aux colons que si la traite cessoit, la population des colonies se réduiroit bientôt à rien, et leurs cultures dépériroient à mesure ; que puisque l'esclavage est autorisé, la traite doit l'être également : mais il n'y a que le plus affreux machiavélisme qui puisse soutenir la continuation de cet odieux commerce, qui est un tissu d'atrocités.

Qu'importe que nous soyons injustes et barbares, pourvu que nous nous enrichissions. Voilà en peu de mots à quoi on peut ramener toutes les raisons qu'on apporte en faveur de ce commerce. Mais si ce n'est pas seulement une injustice, si c'est encore une erreur, si ce commerce, loin d'être profitable, n'est que nuisible aux intérêts de la nation qui l'exerce, que deviendra l'unique argument avec lequel on prétend en maintenir la continuation ?

Cette traite, considérée politiquement, n'offre que des désavantages. Elle corrompt les mœurs de toute nation qui s'y livre, en la familiarisant avec des actions féroces ; en y faisant concourir plusieurs individus, qui finissent par regarder ces actions comme légitimes; en accoutumant un nombre de personnes à spéculer leur fortune sur la destruction de l'espèce humaine ; car il est prouvé que les guerres faites pour avoir des esclaves, les dures traversées, les mauvais traitemens et le désespoir, font périr beaucoup plus de nègres qu'il n'en arrive dans les colonies. Ce commerce est nuisible à la marine et à la navigation, par la perte qui en résulte d'un grand nombre de matelots, par le mauvais air, la mauvaise nourriture et les autres circonstances destructives qui existent nécessairement dans les vaisseaux négriers. La traite des esclaves, en un mot, est une honte à l'humanité, une tache à toute nation qui la permet, une contradiction ouverte avec les principes et la constitution des états républicains.

Mais, nous dit-on, comment recrutera-t-on une population qui décroît sans cesse, et comment aurez-vous des colonies, si vous délaissez la traite des esclaves à la côte d'Afrique?

La population des nègres esclaves décroît en masse ; elle décroît dans des proportions effrayantes chez les habitans peu humains ou peu attentifs; mais elle augmente sensiblement chez ceux qui mettent les soins convenables à encourager, à conserver les individus, et à modérer, autant qu'il est en eux, la loi de l'esclavage. Ainsi, sous le régime d'une liberté bien réglée, il est indubitable que la population augmentera rapidement, comme l'expérience le prouve dans tous les pays où l'homme est heureux et bien gouverné.

Dans cette supposition, les colonies seront bien plus en sureté et mieux policées; elles deviendront d'un entretien moins coûteux, par une forte diminution, si non par la suppression totale des dépenses de police, de justice, de détachemens, de la caisse des nègres suppliciés ou tués en marronage, des frais de géole, etc.

Après avoir aboli la traite des esclaves, on fera toutes les dispositions qui peuvent tendre évidemment au bon ordre des colonies, à leur sûreté, à l'augmentation de leur population. Certainement, laissant subsister toutes les habitations dans leurs travaux et manufactures actuelles, avec la police qui convient aux divers ateliers qui les composent, on ne fera rien perdre à aucun des propriétaires.

Alors il faudra que l'on s'occupe sérieusement d'établir par-tout, avec uniformité, une législation bien raisonnée, qui n'aura plus rien d'arbitraire, et par laquelle on assurera l'ordre dans les travaux, et l'exactitude de la discipline. Sans agir d'autorité dans les colonies que l'esclavage régit encore, il n'est point chimérique de penser que des assemblées bien composées, prises dans l'élite des Colons, proposeroient elles-mêmes ces règlemens de police et cette législation humaine et uniforme qui conviendroit à toutes les habitations, et auxquels chacun seroit tenu de se conformer; d'où résulteroit le plus grand bien de chacun en particulier, et de chaque colonie en général.

Les colons de la Jamaïque et de la Grenade avoient depuis long-temps agité ces projets de règlemens pour leurs habitations. Un d'eux dit sur ce sujet ces paroles remarquables. « Nous avons le pouvoir d'au-
» gmenter le bonheur de deux cent cin-
» quante mille hommes dont le travail nous
» procure notre subsistance journalière; nous
» avons la faculté de former, pour ainsi
» dire, une nouvelle création. Quel objet
» plus noble pourra jamais échauffer notre

» zèle, et exciter l'inclination naturelle qui » nous porte vers la bienfaisance? En con- » sidérant la chose sous le point de vue de » notre intérêt personnel, il est bien certain » que l'homme le plus humain est encore » le meilleur politique : ainsi, en cédant à » l'impulsion de notre cœur, nous ajoute- » rons à la prospérité de nos possessions, l'ap- » probation des hommes et les bénédictions » du ciel ».

Les habitans de la Grenade avoient établi dans leur assemblée coloniale des règlemens de police intérieure, et une législation en faveur des esclaves, avec ce préambule bien sage de leur acte du 4 novembre 1788.

« Considérant que la nécessité de l'im- » portation des nègres cessera du moment » où ils seront traités avec humanité, où » ils ne seront plus accablés de travaux » excessifs, et où l'on aura égard aux loix » de la nature dans l'union des sexes;

» Attendu que les loix qui, jusqu'à pré- » sent, ont été promulguées pour la protec- » tion des esclaves ont été trouvées insuf- » fisantes; et l'humanité, ainsi que l'intérêt » de la colonie, exigeant que l'on rende » l'esclavage aussi supportable qu'il sera

» possible, afin de faciliter la population des » nègres, seul moyen de supprimer avec le » temps la nécessité de leur importation » des côtes d'Afrique;

» Et vu qu'on ne sauroit atteindre un but » aussi désirable qu'en fixant des bornes » au pouvoir des maîtres, et des personnes » chargées de surveiller les esclaves, soit » en les obligeant à leur fournir le loge- » ment, la nourriture et le vêtement d'une » manière convenable, soit en leur procu- » rant de l'instruction et des mœurs, en les » engageant à contracter des mariages, en » montrant du respect pour ces liens légi- » times, et en les protégeant : pour toutes ces » causes, etc...

Sans donner le détail des règlemens qui sont la suite de cet acte colonial, ni exposer ici ce qu'on pourroit faire de mieux en ce genre, si l'on cherchoit avec raison et humanité l'exécution des vues exprimées ci-dessus, il suffit de montrer par ces deux exemples que les colons ont senti depuis long-temps que leur propre intérêt exigeoit une pareille législation, que cette législation étoit nécessaire pour maintenir et accroître la population, pour supprimer l'importation des noirs de la côte d'Afrique, et aussi pour le plus grand avantage des habitans.

Le règlement de police de l'habitation étant arrêté et écrit, seroit lu et publié parmi les ateliers, et renouvelé de temps en temps: il y seroit pourvu à la nourriture des nègres, à leur habillement, à leur logement: on leur assureroit la propriété de leurs jardins, volailles et basse-cour : il y seroit fait mention des soins à accorder aux malades, aux vieillards et aux infirmes; aux femmes enceintes, aux nourrices et aux enfans: les précautions nécessaires y seroient prises pour le maintien des bonnes mœurs, pour l'instruction de la jeunesse, et pour le bon ordre dans les familles, etc.

En même temps, les heures de travail y seroient désignées, de même que la police et la subordination. Les fautes légères seroient punies, après que le coupable auroit été entendu en présence des plus sages et des plus anciens de l'habitation : les crimes seroient renvoyés aux juges ordinaires, et punis par la loi. Il y auroit des récompenses pour les actions vertueuses et distinguées.

Aucune habitation ne seroit dérangée par ces dispositions: bien au contraire, les colons gagneroient infiniment à cette amélioration dans le régime des noirs, par leur attachement à leurs maîtres, et leur bonne volonté au travail.

Ce parti pris et consolidé, on changera, dès lors, la dénomination d'esclaves et d'esclavage : ce seroit en vain qu'on auroit réformé la chose, elle paroîtroit toujours odieuse; elle tendroit à le redevenir, si on laissoit subsister un nom réprouvé. En effet, dans l'état raisonnable et modéré, préparé pour les cultivateurs par de sages règlemens, rien d'arbitraire, ni de barbare, n'existant plus dans leur traitement, leurs obligations comme leurs droits leur étant parfaitement connus par des loix écrites, ils ne seroient plus esclaves proprement dits.

Il ne restera plus alors qu'un pas à faire dans la carrière de la bienfaisance et du bon gouvernement, pour compléter cet heureux changement, ce passage de l'esclavage à la liberté : vous ne me refuserez pas un moment de plus votre attention.

Après que l'on aura ainsi réglé, d'une manière qui cessera d'être arbitraire, la discipline des ateliers, il faudra promettre aux cultivateurs une gratification pour les encourager à bien se conduire et à travailler avec zèle ; ce seroit une part dans les revenus de l'habitation, part d'abord petite, et seulement d'un dixième des produits nets.

Il est plus que probable que ce sacrifice apparent, d'une partie des revenus, abandonnée par le propriétaire à ses cultivateurs, soutiendra, au moins, ces revenus au même taux; parce que l'intérêt que les noirs y auront les excitera à travailler avec la meilleure volonté, à concourir avec zèle aux progrès des plantations et à l'exploitation des denrées, à empêcher les vols, les pertes de temps, et les divers abus que le régime trop dur de l'esclavage multiplie.

Quel est l'être, tant soit peu dégagé des préjugés qui aveuglent encore quelques colons partisans de l'esclavage, qui pourra croire que les habitations en particulier, et les colonies en général, puissent atteindre au degré de prospérité proportionné, au nombre de leur population, jusqu'à ce que les cultivateurs, intéressés au produit de leurs propres travaux et à l'augmentation des récoltes, y portent un zèle qu'il est absurde d'attendre d'une sorte de troupeaux, gouvernés à coups de fouet, et dont le seul espoir consiste en quelques heures de repos, et à éviter les châtimens.

Quand on aura vu, par l'expérience d'une année ou deux, que l'atelier se sera bien comporté sous ce nouveau plan de conduite, que ce dixième des produits, donnés aux noirs en gratification, aura obtenu l'effet qu'on s'en étoit promis; que ces habitations n'en auront pas dépéri, bien au contraire, on augmentera cette gratification, que l'on portera, l'année suivante, à un neuvième des produits nets, afin d'éprouver encore si, par ce sacrifice, les revenus se soutiendront au même taux pour le propriétaire.

Je ne doute pas de l'effet, ayant été à portée d'en faire moi-même quelqu'essai; et je vous assure que cette gratification ou part dans les revenus, accordée aux nègres cultivateurs, pourra être augmentée d'année en année. On la portera successivement à un huitième, à un septième, à un sixième, à un cinquième, à un quart, et enfin, à un tiers des revenus nets, et ce sera, très-probablement, sans que le propriétaire éprouve lui-même une diminution. Ce tiers des revenus, accordé, par l'habitant, aux cultivateurs, ne fera qu'assurer davantage ses propres revenus; et les exportations de la colonie augmenteront de ce tiers, qui sera mis de plus dans la masse du commerce. Le commerce d'importation augmentera en même proportion, par les consommations que feront les nègres jouissant d'une petite aisance ; et cette population, si maltraitée jusqu'à présent, commencera à voir le bonheur à sa portée, et à aimer ses maîtres.

J'estime que les diverses gradations, nécessaires pour suivre ce plan de conduite, pourront exiger un espace de neuf ans, au moins. La dixième année (ou aussitôt que cette expérience aura été bien constatée, et que les bons effets de ce régime seront reconnus), on consolidera cet arrangement par une loi, qui régleroit avec équité les droits des propriétaires et des cultivateurs ; par un code colonial, dans lequel il ne seroit plus question d'esclavage, mais d'un contrat mutuel entre les travailleurs et les propriétaires du sol.

Il est aisé de concevoir que, par l'adoption successive des mesures que je viens de vous exposer rapidement, aucune grande propriété ne sera dérangée ; que la population des nègres augmentera sous un régime plus humain. Cet heureux changement se sera opéré sans causer de choc ni de com-

motion

motion. Ces cultivateurs se seront accoutumés petit à petit, et comme insensiblement, à une certaine aisance et à une meilleure existence, fondées sur leur bonne conduite, leur activité et leur industrie. Il ne se sera fait aucune révolution subite dans leurs idées, qui ait pu faire craindre aucun mauvais effet, puisque les premiers moyens ne sont que des grâces accordées conditionnellement, et que les maîtres auront toujours pu retirer, dans le cas où les nègres s'en fussent rendus indignes.

Les familles qui s'accorderont pour faire sur leurs profits les épargnes suffisantes pour se procurer de petites propriétés à part, seront habiles à les posséder : elles auront par-là fait preuve de leur capacité, et donné un garant de leur bonne conduite à venir. Ces émigrations successives de quelques-uns des cultivateurs par familles, qui sortiront des grandes habitations pour en former de petites, seront amplement remplacées dans les premières par l'accroissement immanquable de leur population.

A mesure que les colons se prêteront à ces vues d'humanité et de bon ordre, en paroissant faire le plus noble des sacrifices, ils feront leur propre avantage ; on verra résulter plus de prospérité aux colonies et au commerce national : on y éprouvera plus de tranquillité, plus de sûreté, une augmentation constante à la population, sans employer aucun moyen forcé ni contraire aux bons principes. Il ne faut, pour s'en convaincre, que se représenter cette vérité si reconnue, que la population croît sensiblement par-tout où se trouvent le bonheur et les subsistances.

Cette marche, dictée par la raison, la justice et la bonne politique, n'a pas été suivie dans les colonies françaises qui ont subi cette révolution. Tous les élémens de leur population ont été mis en fermentation et en discorde. Aucun des partis qui se sont formés dans chaque classe, ne vouloit sincèrement la liberté, ni la prospérité générale ; aucun n'étoit mû par des vues saines et droites, mais tous étoient poussés par la haine, animés par quelqu'idée de vengeance ou de récrimination, et sur-tout par le désir du pillage, que le désordre facilite merveilleusement. Le gouvernement qui, à dessein gouvernoit mal les colonies pour y faire détester la révolution et chérir la royauté, a augmenté le désordre par l'espèce de gens qu'il a chargés de son autorité. L'assemblée nationale, dont la masse voyoit, avec indifférence, les affaires des colonies, s'est laissée arracher par le parti liberticide, des décrets contradictoires entr'eux, et opposés aux principes.

Ensuite est venu le systême Robespierre, disant : *Périssent les colonies, plutôt que de faire fléchir un seul instant les principes.* On a lancé la liberté, dans les colonies, non comme un bienfait, mais comme un moyen de guerre et de défense contre les opposans à la révolution et les ennemis de la république. L'anarchie et la licence s'en sont emparées, et on y a vu se déchaîner tous les vices et toutes les passions ; situation déplorable où les plus méchans s'emparent de la force et de l'autorité, et où les bons et les paisibles sont massacrés ou mis en fuite. Le désordre a été au comble, sur-tout dans plusieurs cantons de Saint-Domingue, jusqu'à ce qu'un plus sage gouvernement, s'appuyant sur les bases de cette liberté, mais la réglant d'après les loix et la constitution, restaure enfin ces belles possessions.

Dans notre pauvre colonie de Cayenne,

l'établissement de la liberté n'a été accompagné d'aucune horreur comparable à celles de Saint-Domingue ; mais les cultures y ont dépéri : examinons les causes et les circonstances, et nous verrons que l'on n'a pas suivi la marche et la méthode convenables, et que j'ai conseillées ci-dessus aux colonies qui n'ont pas encore subi le changement, devenu nécessaire, de l'esclavage à la liberté.

On a proclamé la liberté des nègres, à Cayenne, sans précaution et sans restriction. Ce passage, subit et inattendu, de l'oppression à la licence, a été moins funeste qu'il ne devoit naturellement l'être, non-seulement parce que cette population est très petite et dispersée, mais aussi parce que, depuis plusieurs années, un administrateur humain, et sentant tous les inconvéniens de l'esclavage, avoit préparé les voies à ce changement, en réprimant les barbaries et les inconséquences des maîtres, en inspirant un bon esprit et de la confiance aux nègres envers les blancs, en détruisant le marronage et le vagabondage, et en accoutumant les nègres à retirer un certain profit de leur travail, et à se regarder comme des hommes. L'oppression y étant moindre, l'effervescence a été moindre aussi, au moment de la destruction de l'ancien ordre de choses : mais il étoit impossible que des hommes, asservis à travailler pour d'autres, sans aucune utilité pour eux-mêmes, se trouvassent tout-à-coup libres de leurs volontés et maîtres de leurs actions, susceptibles d'être pourvus de places et d'autorité, comme les ci-devant maîtres pour lesquels on leur avoit inspiré jusques-là un respect religieux ; il étoit impossible, dis-je, qu'ils ne s'abandonnassent à une joie folle, et que les habitations et les cultures n'aient été, en quelque sorte, délaissées, au point même que leur imprévoyance les aura mis nécessairement en danger de la famine.

Lorsqu'ensuite on a voulu faire cesser cet inconvénient, et ramener, d'autorité, ces hommes au travail et à la culture, on a également mal concerté les mesures; on a placé des cultivateurs, arbitrairement, sur toute autre habitation que celle où ils avoient coutume d'être; on a favorisé le rétablissement de l'une, et laissé dépérir l'autre, au gré des gouvernans; on a fixé aux nègres un salaire de trois et quatre sols par jour, rétribution absolument insuffisante et dérisoire, qui n'a pu engager ces hommes à travailler avec zèle, et qui, en même-temps, toute petite qu'elle est, a pesé sur les propriétaires, qui bien souvent ne retiroient pas du travail des cultivateurs, des produits suffisans pour y faire face.

En même-temps on a armé un nombre très-superflu de ces cultivateurs, pour la petitesse de la colonie, qui n'a jamais été attaquée. On a organisé des cantons étendus, mais où il n'y a presque d'autres habitans que des singes et des perroquets : on y a mis un étalage de places et d'emplois, semblable à ce qui se pratique pour les départemens de France les plus peuplés : on a donné des grades, de l'argent, des emplois et de l'autorité à des hommes qui ne savoient ni lire ni écrire, et qu'on a enlevés à la culture contre toute raison.

Comment, sous de telles circonstances, une colonie aussi peu avancée, n'auroit-elle pas diminué et dépéri ? Mais une fois qu'un gouvernement sage y aura établi un bon règlement de culture, sur des bases prises dans les principes de la constitution, et appuyées sur la liberté, les nègres cultivateurs ayant une part convenable dans les revenus que leur travail fait éclore, les cultures prendront un rapide accroissement.

Il me reste à résoudre la difficulté que l'on élève, relativement aux grandes avances qu'il faut pour établir des cultures en terres basses: mais n'en faut-il pas plus ou moins par-tout pour établir de nouvelles habitations, et la dépense que l'on fera, en payant pendant un an, deux ans, ou même plus, des ouvriers et des travailleurs de terre, sans retirer de revenus, peut-elle se comparer jamais à la dépense qui avoit lieu nécessairement autrefois, dans l'achat des nègres, et leur mortalité?

La chose me paroît si évidente, que je ne crois pas nécessaire d'établir, pour la prouver plus clairement, un calcul de comparaison entre le prix d'achat des nègres, et les journées que l'on sera obligé de payer, pendant quelque temps, pour préparer la terre à recevoir des végétaux productifs, et à donner des récoltes. Il suffit de réfléchir que, pour le prix que l'on donnoit autrefois pour acquérir la propriété d'un homme, on en pourra louer un libre pendant trois ans, sans compter les risques de la mortalité, les marronages, les temps perdus, les maladies, l'entretien des femmes et enfans, des vieillards et infirmes, etc. etc.

Je termine une lettre déjà bien longue, mais dans laquelle la beauté du sujet, et les vœux que je fais pour votre bonheur, m'ont entraîné ; je me résume :

L'esclavage est une institution vicieuse et injuste, qui anéantit toute émulation et toute industrie. Les colonies peuvent se cultiver sans esclaves. Nous avons l'exemple de beaucoup de contrées des Indes et autres, dans les mêmes latitudes que nous, où des peuples libres travaillent à la culture, et où tous les genres d'industrie fleurissent. Il est donc à souhaiter que l'on amène celles des colonies qui gémissent encore sous le régime de l'esclavage, à l'état heureux de la liberté ; mais il est politique, il est humain d'opérer ce changement par gradations, et avec précaution. Il faut donner à cette révolution plusieurs années ; il faut que les dispositions des propriétaires colons, s'accordent et concourent avec les actes de l'autorité souveraine de leur métropole ; et qu'éclairés les uns et les autres par les discordes et le désordre qui ont tant fait de mal ailleurs, ils arrivent au bien par des moyens raisonnés et paisibles, au lieu de laisser renverser subitement

bitement, et avec d'horribles déchiremens, un système d'oppression et d'injustice, qui ne peut désormais durer long-temps.

Personne ne prend plus d'intérêt que moi à votre prospérité, et à celle de vos compatriotes colons, en général, de qui j'ai reçu tant de marques d'honnêteté et d'attention.

C'est dans ces sentimens que je vous salue bien sincèrement.

OBSERVATIONS.

LES lettres ci-dessus, relatives à la culture des terres basses de Surinam, et autres colonies hollandaises de la Guiane, culture applicable à la partie française de ce continent, où l'on en avoit même fait quelques heureux essais sur les bords de la rivière d'Aprouague et dans d'autres cantons, sont, en partie, l'ouvrage d'un excellent habitant de Déméraray, mort depuis, nommé B. Van den SANTHEUVEL, et combinées, d'après ce que j'en ai vu moi-même, tant dans la Guiane française que dans la Guiane hollandaise. J'ai tiré aussi, dans cette rédaction, un grand parti de plusieurs remarques et notions judicieuses, faites par M. GUISAN, qui avoit été appelé de Surinam par l'intendant

MALOUET, et employé, pendant plusieurs années, dans la Guiane française, en qualité d'ingénieur-agraire. J'ai profité aussi de plusieurs excellens détails, contenus dans un mémoire que je crois être du citoyen COUTURIER, habitant de Cayenne, et qui a été employé aussi en qualité d'ingénieur-agraire, sous GUISAN.

Je désire que les idées contenues dans la quatrième lettre, pour résoudre les objections et les craintes des colons bataves et autres, contre l'abolition; devenue nécessaire, de l'esclavage, puissent être utiles à l'humanité, et qu'en adoptant ces vues, ou d'autres analogues et plus développées, sur les mêmes principes, on parvienne à établir (dans les colonies de nos alliés, et dans celles des nôtres où, par les événemens de la guerre, la constitution n'a pas encore été établie), un régime raisonnable, qui ne soit point en contradiction avec notre constitution, et qui préserve de malheurs ces utiles possessions. Je ne puis manquer de m'intéresser vivement au sort de plusieurs colonies, où j'ai eu l'honneur d'exercer l'autorité du gouvernement, sentiment appuyé vivement par l'amour de l'humanité et celui de la patrie.

www.ingramcontent.com/pod-product-compliance
Ingram Content Group UK Ltd.
Pitfield, Milton Keynes, MK11 3LW, UK
UKHW012049240726
13965UKWH00003B/1159

9 782013 360944